全过程实施工程量清单计价操作实务

祁慧增　主编

中国计划出版社

图书在版编目（CIP）数据

全过程实施工程量清单计价操作实务/祁慧增主编 . —北京：
中国计划出版社，2015.9
ISBN 978-7-5182-0233-1

Ⅰ.①全… Ⅱ.①祁… Ⅲ.①建筑工程－工程造价－中国
Ⅳ.①TU723.3

中国版本图书馆 CIP 数据核字（2015）第 212314 号

全过程实施工程量清单计价操作实务

祁慧增　主编

中国计划出版社出版
网址：www.jhpress.com
地址：北京市西城区木樨地北里甲 11 号国宏大厦 C 座 3 层
邮政编码：100038　电话：(010) 63906433（发行部）
新华书店北京发行所发行
北京市科星印刷有限责任公司印刷

787mm×1092mm　1/16　13.5 印张　331 千字
2015 年 10 月第 1 版　2015 年 10 月第 1 次印刷
印数 1—3000 册

ISBN 978-7-5182-0233-1
定价：42.00 元

编写人员

主　　编：祁慧增

副 主 编：王东义　　孙现军

参编人员：张全生　　张学伟　　孙泽彪　　张学士
　　　　　石广超　　魏利萍　　祁迎辉　　徐鲁军

前　言

　　清单计价模式在全国推行已经十多年了,但在 13 清单计价规范发布实施之前,由于 03、08 清单计价规范的工程量计算规则与各省现行计价定额的规则不一致、《建设施工合同(示范文本)》(GF—1999—0201)的合同价形式与清单计价要求不符、施工企业没有自己的企业定额,加上人们多年按定额计价养成的习惯做法,使得许多地市清单计价的实施仅停留在招投标阶段,而在合同的签订、施工阶段的工程计量与进度款的支付、合同价调整、竣工结算等却与清单计价无缘。13 清单计价规范实施后,计量规则与各省计价定额的工程量计算规则基本一致,各省的计价定额已成为清单计价体系的组成部分;《建设施工合同(示范文本)》(GF—2013—0201)的合同价形式与清单计价要求相符;2013 年 12 月住建部又发布了第 16 号部令《建筑工程施工发包与承包计价管理办法》,各省相继印发了贯彻实施 13 清单计价规范的配套文件,这才使得推行多年的清单计价模式落地生根,实际上目前的工程计价是处在定额计价与清单计价的过渡阶段。

　　但在项目实施清单计价过程中,有时由于资金不到位、评商务标之前不清标、监管细节不到位、"三边"工程继续存在等原因,仍会出现各种各样的问题。所以,本书首先对清单计价实施中存在的问题进行了回顾和总结,然后从细化招标文件有关条款开始,至整个项目竣工,对全过程实施清单计价的实际做法、如何规范计价行为、减少实施阶段计价纠纷提出了自己的建议,是作者 10 多年来对清单计价的探索、研究和实践的亲身体验。本书的最大特点是每章都附有工程实例(案例),可供广大工程造价执(从)业人员学习、研究清单计价技术时参考。由于水平有限,难免存在错误和不妥之处,恳请广大读者批评指正!

　　在编写过程中,得到河南省建筑工程标准定额站有关专家的指导和帮助,在此表示衷心感谢!

编　者
2015 年 3 月

目　　录

第一章 清单计价相关问题

清单计价模式在全国已推行十多年了，但从某城市的情况来看，并不理想。原因是多方面的，除了人们的思想意识、多年按定额计价养成的习惯做法之外，尤其是在 2013 年清单计价规范发布之前，由于大家对清单计价这种计价方式没有真正理解，从思想上、形式上把定额计价与清单计价对立起来，但在实践中不管是招标控制价的编制，还是投标人组价报价，又都离不开现行的计价定额；加上 2003 年版、2008 年版清单计价规范的工程量计算规则与各省现行计价定额的工程量计算规则不一致，使得名义上是实行清单计价，而实际上是定额计价的做法；尽管现在许多地方实行了电子招投标，但由于后期管理不到位，监督制度的设置不科学，并没有达到软件公司宣传的效果，反而提高了投标人围标、串标的科技水平；另外，2013 年之前的施工合同示范文本是 GF－1999－0201，与清单计价要求根本就不配套，造成了虽然采用清单计价的方式招投标，但合同的签订、施工阶段的工程计量与进度款的支付、竣工结算等却与清单计价无缘。等等诸多问题，需要我们在实践中进一步完善和规范，本章结合实际情况简述一下清单计价实施中存在的具体问题、清单计价与定额计价的关系等。

第一节 常 见 问 题

一、招标文件不能体现清单计价特点

1. 清单计价的一些规定不能在招标文件中体现或不具体，没有可操作性。

如规费、安全文明施工费，清单计价规范及各省计价定额都规定属于不可竞争费用，不参与商务标评审，但许多招标文件只是照抄清单计价规范或计价定额的原文，并没有增加行之有效的可操作条款，到底如何操作才能符合要求却没有统一的规定。所以，在招标过程中有几种做法：第一，有的地市规定招标控制价及投标报价均不得计入，中标后由造价管理机构按规定核算，计入合同价；第二，招标控制价及投标报价均计算此两项费用，评标时再从招标控制价及投标报价中扣掉，此种做法投标人易成倍多算此两项费用，造成中标后的纠纷不断；第三，有的招标文件仅有按规定计算此两项费用的条款，评标时是否扣除没有说明，导致投标人报价时千差万别，纠纷也由此而产生。

例：2013 年 5 月份，××市有一工程项目，××招标代理有限公司在代理该工程项目招标时，对规费、安全文明施工费如何报价没有明确说明，所以在答疑时有投标人问：招标人对安全文明施工费及规费计取有何要求？代理公司的答疑是：对安全文明施工费及规费按照《××省建设工程工程量清单综合单价》（2008）的要求计算。这样的答复只有原则性，没有可操作性，仍然使投标人很迷茫。开标时，投标人报的这两项费用千差万别：有的投标人报价中扣除了这两项费用，有的没有扣除，有的故意多算，给评标带来很大的麻烦。

但有的地市规定很明确，每次招标的项目招标文件中都专门有一条针对安全文明施工

费及规费的规定：安全文明施工费及规费（包括工程排污费、社会保障费、住房公积金）不计入报价，招标控制价中也不含这两项费用，中标后由工程造价管理机构统一核算，列入合同价，其中社会保障费由建设单位直接向市（县）建设劳保办缴纳，市（县）建设劳保办再按规定返还中标企业。多年来一直是这样实施的，从来没有发生过这方面的造价纠纷。

2. 有关招投标政策不能在招标文件中体现。

为贯彻 2013 年清单计价规范，2014 年 3 月，××省住房和城乡建设厅印发了《××省建设工程工程量清单招标评标办法》（×建〔2014〕36 号），对清单招投标的评标办法做了详细的规定，特别是增加了招标控制价参与评标基准值的计算、清标的内容和步骤等，使围标、串标更加困难，对规范招投标计价行为起到了积极的作用。问题是相当一部分地市的"建设工程交易中心"已脱离住建系统，划归政府的"公共资源交易中心"管理，有的地市已取消"招投标管理办公室"，有的虽未取消，但已名存实亡，尽管美其名曰是实行电子招投标，其实质都是表面现象，致使有关招投标与计价依据方面的政策不能在招标文件中体现。因其核心的评标计分标准仍是最初推行清单计价时的计分办法，多少年未曾改变，不管什么工程，都是一个标准，根本体现不了不同工程的特点，是造成后期发生造价纠纷的根本原因。

3. 只注重工程量清单编制，而不注重清单计价格式的统一。

在招标过程中，工程量清单是作为招标文件的组成部分同时下发的，但在清单计价实施过程中，许多情况下项目的招标事项由招标代理公司服务，而工程量清单及招标控制价的编制由造价咨询企业提供服务，有时双方不相互沟通，各行其是，再加上责任心不强，有的造价咨询公司仅下发带有工程量的清单，而不下发投标计价格式的表格；但有时造价咨询公司下发的工程量清单包括很规范的投标计价格式，而招标代理公司又在招标文件中也带几页投标计价格式（很不规范），给投标、评标及实施过程都带来很大的麻烦。因此，统一清单报价计价格式，对规范投标计价行为非常重要。

4. 下发的措施项目清单和其他项目清单照抄清单计价规范内容，而不管实际是否发生。

措施项目清单是为完成分部分项工程量清单内容所采取的措施，它不构成工程实体。计价规范表中的措施项目清单仅列出正常情况下可能发生的内容，招标人在编制工程量清单时，应根据工程情况充分考虑可能发生的内容列出清单：在计价规范表中内容的基础上，可以增列，也可以减少，没有必要照抄规范内容。但在实际操作过程中，许多造价咨询公司不认真负责，不管什么工程，哪怕仅是一个路灯安装项目，下发的措施项目清单只管照抄规范，给投标人报价带来很大的麻烦，也给后期的造价纠纷带来隐患。

其他项目清单分招标人部分和投标人部分，咨询机构在编制该部分清单时，要充分征求招标人的意见，有没有发包人再次发包的专业工程，如果没有，"总承包服务费"就没有必要列出了；为减少后期的纠纷，"计日工"也一般不列。但相当一部分咨询机构在编制该项清单时，只管照抄规范，造成投标人报价时的迷惑，同样给日后的造价纠纷埋下隐患。

5. 招标代理公司随意下发报价格式。

本来随招标文件下发的清单计价格式是正确的，比如造价咨询机构编制的工程量清单附带的投标总价报价表如下所示：

××办公楼工程投标报价汇总表

序号	单位工程名称	投标报价（元）	其中			报价中含			
			分部分项工程量清单项目费	措施项目费	其他项目费	税金（元）	暂列金额（元）	材料暂估价（元）	专业工程暂估价（元）
1	建筑工程（主体）								
2	装饰工程								
3	电气工程								
4	给排水工程								
5	通风、空调								
	投标报价合计								

注：规费及安全文明措施费不计入报价，中标后由当地造价管理机构统一核定。

该表比较符合清单计价要求，而令人不解的是代理公司在答疑中将其修改，要求投标人按下列格式报价：

工程量清单总报价：大写：_____ ￥：_____

其中：① 安全防护文明施工措施费：大写：_____ ￥：_____

②规费 大写：_____ ￥：_____

③税金 大写：_____ ￥：_____

④总承包管理费 大写：_____ ￥：_____

不含1、2、3项费用的工程量清单报价：大写：_____ ￥＜,/SPAN＞：_____

实际上该项目不存在招标人对外发包什么专业工程，哪来的总承包管理费？再者，下发的工程量清单中的其他项目清单根本就没有总承包管理费这一项；另外该市规定安全文明施工费与规费是不准列入报价的；哪有投标报价中不含税金的？所以招标代理公司要求投标人按上述格式填写投标报价是完全不正确的。

6. 评分办法只评总价。

例：2013年6月份，××市有一工程项目，采用清单计价方式招标，而××招标代理有限公司在代理该工程招标时，招标文件规定投标报价的评分标准是：

基本分30分、满分35分

评标基准价为各有效投标总报价（报价在工程控制价之内，视为有效投标报价），去掉一个最高和一个最低报价后的算术平均值。当有效投标总报价少于五家时（含五家），则以所有有效投标总报价的算术平均值作为评标基准价。

投标报价与评标基准价相等得基本分30分，投标报价每低于评标基准价1%在基本分30分的基础上加1分，最多加5分。投标报价低于评标基准价5%（不含5%）以上的，每再低于评标基准价1%从基本分30分基础上减1分，减完为止；投标报价每高于评标基准价1%在基本分30分的基础上减1分，减完为止。（不足1%按比例计算，四舍五入保留两位有效数字）。

根本就没有措施项目、清单综合单价及材料单价等的评分标准，没有体现清单计价的特点，与当时《××省建设厅关于印发建设工程工程量清单招标评标办法的通知》（×建建〔2005〕222 号）文件要求根本不符。

7. 没有填表要求，没有标书装订要求。

对于实行清单计价招标的项目，尤其是实行计算机辅助评标的项目，表格的填写要求及标书的装订要求非常重要，直接关系着评标工作能否顺利进行，直接影响整个招投标工作能否顺利完成，甚至影响到业主及政府有关管理部门对实施清单计价的看法。

但许多招标文件没有表格的填写要求与标书的装订顺序要求，即便是有也很不规范，而不同的招标代理公司要求也不一样，给评标带来很大的麻烦。

8. 招标控制价不考虑风险因素，而招标文件中确让投标人承担一定的风险，甚至有时是无限风险，这是不公平的。

例：××市 2012 年某工程招标，招标文件规定材料价格波动调整原则：

在施工过程中，钢材的材料价格增减在 ±5% （含 ±5%）以内时不再调整；钢材的材料价格增减在 ±5% （不含 ±5%）以上时，按××市造价管理机构发布的建设工程造价信息与招标控制价中价格的差价调整超过 ±5% 的部分。

其他材料（不含钢材）价格增减在 ±10% （±10%）以内时不再调整；价格增减在 ±10% 以上时，按××市造价管理机构发布的建设工程造价信息与招标控制价中价格的差价调整超过 ±10% 以上的部分。

从理论上讲，招标文件按上述方法规定施工期间材料价格调整原则无可非议，但问题是招标人在编制招标控制价时根本不考虑材料价格风险因素，甚至有时还要乘以 0.9 ~ 0.95 的系数，而招标文件中确让投标人中标后再次承担一定的风险是不公平的。

9. 公布招标控制价时只公布一个总价。

由于长官意识作怪，监督部门不敢监督或缺乏监督，许多地方公布招标控制价时不按×建设标〔2010〕24 号规定的内容公布，有的只公布一个总价，甚至还打折扣，有时领导拟定下浮系数，结果是使后期的结算、材料价格调整及变更调价等变得异常艰难，造成很多纠纷。

以上原因：招标文件计价方面的条款是否符合要求，缺乏监管。

10. 投标报价不得低于工程成本没有可操作的条款。

2013 年清单计价规范 2.0.10 条 工程成本：承包人为实施合同工程并达到质量标准，在确保安全施工的前提下，必须消耗或使用的人工、材料、工程设备、施工机械台班及其管理等方面发生的费用和按规定缴纳的规费和税金。

2013 年清单计价规范 6.1.3 条 投标报价不得低于工程成本

2013 年清单计价规范 6.1.5 条 投标人的投标报价高于招标控制价的应予废标

关于投标报价的最低限制：

在 2008 年清单计价规范 4.3.1 条 除本规范强制性规定外，投标价由投标人自主确定，但不得低于成本

2000 年 1 月 1 日实施的《招标投标法》第三十三条：投标人不得以低于成本的报价竞标，也不得以他人名义投标或者以其他方式弄虚作假，骗取中标。

2012 年 2 月 1 日起施行的《中华人民共和国招标投标法实施条例》第五十一条（五）中：投标报价低于成本或者高于招标文件设定的最高投标限价的，评标委员会应当否决其投标。

成本是构成价格的主要部分，是投标人估算投标价格的依据和最低的经济界限。如果投标价格低于成本，必然导致中标人在施工中偷工减料，以次充好。投标人以低于成本的报价进行竞争不仅对自身是一种自杀行为，而且还破坏了市场经济秩序，这是与建立社会主义市场经济的目标相背离的，也不符合招投标法公平竞争的原则。

《评标委员会和评标方法暂行规定》（七部委12号令）第21条规定：在评标过程中，评标委员会发现投标人的报价明显低于其他投标报价或者在设有标底时明显低于标底的，使得其投标报价可能低于其个别成本的，应当要求该投标人作出书面说明并提供相关证明材料。投标人不能合理说明或者不能提供相关证明材料的，由评标委员会认定该投标人以低于成本报价竞标，其投标应作废标处理。可见许多规章及规范性文件都规定投标报价不能低于成本。

但在实际实施过程中，成本到底是指企业个别成本还是社会平均成本，没有明确的说法和规定，招标文件也只是规定投标报价不得低于成本，并没有可操作的条款说明。根据清单计价特点，大家基本上认为应属于企业个别成本。在招标投标过程中，企业个别成本的具体数据确实不好界定，也没有行之有效可操作的核算办法，让评委在很短时间内判断投标人的报价是否低于其成本是不可能的，所以评标时就无法操作，再加上评分办法设置有时不合理，使得压价、围标与串标现象始终无法杜绝。所以原规定投标报价不得低于成本只有原则性，但不具有可操作性。

我们根据计价依据规定，来看一下成本的构成：

河南省1995年版定额　工程造价由工程直接费、间接费、计划利润和税金组成；

河南省2002年综合基价定额　工程造价由工程成本、利润和税金组成；

河南省2008年综合单价定额　工程造价由工程成本（直接费＋间接费）、利润和税金组成；

根据2013年清单计价规范2.0.10条规定　工程造价由工程成本（直接费＋间接费＋税金）和利润组成；

因各省建设行政主管部门颁发的计价定额是按社会平均水平编制的，在目前没有企业定额的情况下，投标人是参照建设行政主管部门颁发的计价定额进行报价的，所以造价中的成本（工程成本）指的是社会平均成本。

从招投标实践中可以看出，投标人串标围标，围的主要是价格（报价），即围评标基准值，无论评标办法如何设置，只要投标人联合起来，评标基准值的高低是由投标人中串标围标的发起人掌控的，招标人没有任何有效的控制或抑制办法。2013年清单计价规范提出投标报价不得低于工程成本（属于社会平均成本），这就为规范投标报价行为提供了具有可操作性的办法：在招标文件中，我们不仅规定投标报价上限不超过招标控制价，还要规定下限不得低于该招标项目的工程成本（工程造价—计价定额利润），设定报价在招标控制价与工程成本之间，且接近工程成本的报价得高分，接近招标控制价的得低分，中间报价按插入法计算得分，肯定不会再有因报价而出现围标串标现象。我认为出现围标串标是监管有漏洞（只监管招投标程序），加上评分办法的设置有问题，发现问题后不能及时修改，逼迫投标人不得已而为之。

实施投标报价不得低于工程成本，可能会出现一个新问题：工程成本不是企业的个别成本，利润也不是企业的实际利润，所以有些项目从理论上讲投标让利比例可能会比原来减少，有的业主或有关投资管理、财政、审计等部门从思想上暂时不一定能接受。但从近十年来××市实施工程量清单计价的情况来看，一般情况下，只要中标人的报价超过8%，在施工阶段，中标人都要千方百计地通过图纸中存在的问题、图纸变更、清单工程量误差、签证、材料价格变化、提高设计标准等手段来提高项目造价，以便找回投标多让利部分和其他费用支出。平时我们所说的"买家没有卖家精"，用在工程项目实施过程中更为合适。

截至目前，尽管2013年清单计价规范及各地的招标文件明确规定报价不得低于工程成本，但投标时如何报价才是不低于工程成本？是工程造价—利润，还是工程造价—利润—税金，招标文件并没有详细的说明。报价时有的投标人让利5%左右，有的达20%左右，由于招标文件没有可操作的条款，评委根本没有办法认定谁的报价低于工程成本了。所以，施工过程中中标人千方百计骗取发包人增加变更，以便找回投标让利损失，由此产生的造价纠纷也接连不断。

二、评标软件问题

1. 明明是计算机辅助评标，现在却变成了人工辅助评标。

由于评标软件公司的夸大宣传，加上地方个别人员的政绩观念，现在许多地方把人工评标为主、计算机评标为辅助的评标原则颠倒过来，成了计算机评标为主、人工评标变成了辅助，把计算机参与评标当成了神，说是能防止招投标过程中腐败现象的发生等等。具体过程是投标人在网上报名，评标办法是全市一个模式，不考虑工程的特除性，投标人不用与业主沟通；每次评标时间很短，评委只是签签字，没办法复核计算机评标结果是否正确；也没办法、没时间检查投标人的标书有什么纰漏。监督部门、个别人员及"建设工程交易中心"，甚至是业主只重视项目的招投标程序，而不重视具体内容。评标软件公司为了自身利益，夸大宣传软件的作用，而造价管理部门或咨询公司又介入不到招标文件起草过程，造成许多不应有的现象发生。

2. 评标软件的评标数据理想化，没有实际意义。

以2010年分部分项工程量清单项目综合单价的评分为例：

分部分项工程量清单项目综合单价（全部参评，共30分）

以各有效投标人的清单项目综合单价的算术平均值作为评标基准价，且其计算方法如下：若有效投标单位数小于5家（含5家）时，全部算术平均值作为有效投标企业报价算数平均值；6~7家时，以扣一个最高报价后的算术平均值作为有效投标企业报价算数平均值；若投标单位数为8~11家时，以扣一个最高和一个最低报价后算术平均值作为有效投标企业报价算数平均值；若投标单位数为12~20家时，以扣两个最高和一个最低报价后算术平均值作为有效投标企业报价算数平均值；若投标单位数为20家以上时（不含20家），则以扣两个最高和两个最低报价后算术平均值作为有效投标企业报价算数平均值。

在评标基准价90%~105%范围内的综合单价的得分：以该项清单项目合价平均值占清单项目费合价基准值的比重×30来确定，即每项得分＝（该项清单项目合价均值/清单项目费合价基准值）×30；超出该范围的项不得分。

即对于某项清单综合单价来说，只要投标人的报价在评标基准价90%~105%范围内，得分都一样，避免或减少围标串标的发生。

该办法是我们参照××省×建建〔2005〕222号文件第十一条规定，为防止恶性不平衡报价带来后期纠纷，将抽取10~20项改为清单项目综合单价全部参评的，为规范投标人的计价行为起到了积极的作用。

后来软件公司改为：

分部分项工程量清单单价组成内容（30分）

以该项清单综合单价组成内容合价基准值占全部清单项目费基准值的比重×30来确定，计算公式为：

P（评审项目项得分）＝组成内容项合价比重×30×（1－｜评标基准价－投标报价｜/评标基准价）；分布分项工程量清单项目得分为$\sum P$。

该办法的最大缺点是：①将清单单价组成内容的人、材、机、管理费、利润等分别评分，没有一点实际意义（尤其是有材料暂估价时，材料费根本没有评分的必要）；②正偏离、负偏离得分一样，即接近评标基准价（各投标人的算术平均值）的分最高，导致投标人围标、串标的现象更为严重。

3. 评标软件处理问题的能力公式化，不能随机应变。

按规定，安全文明施工费、规费及其他项目清单中的招标人部分（包括暂列金额、材料及专业暂估价），评标时应从招标控制价和企业报价中扣除，不参与评标基准值的计算。但由于评标软件处理问题的能力公式化，加上每次其他项目清单中的招标人部分的内容不一致（有的仅有暂列金额），由于软件本身是不会自动处理的，而操作评标软件的工作人员又不懂造价，所以经常出现全部废标和得分合计值超出规定分值的现象。因此，计算机辅助评标，必须有既懂软件又懂造价的人员操作才行。

4. 清标功能达不到应有的效果。

清标是评标软件的主要功能，但由于下列原因，使计算机辅助评标成了走形式、走过场，成了某些管理部门的面子工程，清标功能根本就没有起到什么作用，形同虚设：

（1）由于评标现场技术方面的操作缺少监督，每次评标只计算商务标得分，并不清标，造成中标后的许多纠纷无法解决：如工程完工后结算时才发现，原来的投标报价前后根本不对应，本来该废标的却中标了，把工程都干完了。

（2）不少地市的"建设工程交易中"脱离了住建系统，原来招标中出现的计价问题，由招投标管理机构与造价管理机构随时解决，而现在却无法过问。

（3）开发评标软件的人员不可能长期遵守在某个地市参与每次的评标活动，以便对自己研究的评标软件进行测试，一般是在当地培训人员之后就撤离。而被培训的人员不懂造价，使评标软件不能发挥清标功能，致使中标后的纠纷连续不断，尤其是影响竣工结算的顺利进行。

（4）每次的招投标都因工程不同，特点也不一样，不同的工程有不同的特性，尤其是都有不同的措施项目、其他项目清单。对于不懂清单造价的人员操作电子评标，不能随工程的不同而变化，认为一套评标软件就能解决所有问题。实际上没有既懂造价又懂评标软件的专业人员管理，评标软件就是一个摆设，不可能发挥清标功能。

5. 评标软件本身存在技术问题，导致私下里陪标、串标的情况更为严重。

有的软件公司为了自身利益和方便，在评分办法中，不管是总价还是清单项目综合单价的计分标准，都是以投标人报价的平均值为评标基准值，且投标报价接近评标基准值的得高分，而不让招标控制价参与评标基准值的计算。这样的结果是：逼迫投标人必须围标、串标，以便控制评标基准值的大小，只有围标、串标才有中标机会。

总之，评标软件只能协助我们清标和计算，不能解决其他任何问题。

三、投标报价方面

在实际招投标过程中，投标人往往把"跑关系、搞联合"放在第一位，投标报价放在第二位，从表面上看报价符合清单计价要求，但组成内容经常出现不正常现象。如修改招标人的暂列金额、综合单价中的材料价格与材料报价表中的价格不一致、报价数据前后不对应、不按招标人规定的格式填写、规费及安全文明施工措施费不按计价依据规定计算、改变其他项目清单中招标人部分、只重视总价报价而不重视清单项目综合单价的报价等等情况；有的第一次让利后，调整时把重点只放在措施费报价上面，不注重从全局看问题；标书装订不规范，不按招标文件规定顺序装订，且电子文档与纸质文档不相符；电子文档不符合××省《建设工程造价软件数据交换标准》（DBJ41/T087—2008）要求。

出现上述情况的根源，除投标人自身的原因之外，招标文件不规范也是主要因素，大部分招标文件中只是有原则性要求，并没有清标的具体内容或操作步骤，致使评委没有办法也没有时间去发现上述问题，给后期实施过程中造价纠纷埋下了隐患。

四、合同签订

清单计价要求是先算账后干活，合同价特点应是单价合同；而定额计价是先干活后算账，合同价特点是固定价、可调价合同。广大建设、施工单位用了多年的定额计价合同形式突然变成清单计价合同形式，非常不适应、不习惯，加上 2013 年以前国家没有与清单计价相适应的示范合同文本，虽然采用清单计价招标，而施工合同示范文本却是一直沿用《建设工程施工合同（示范文本）》（GF—1999—0201），其中的合同价形式有固定价、可调价、成本加酬金三种，是定额计价时的合同价形式，加上人们仍习惯于定额计价方式，所以使合同签订、拨款、变更、索赔等远远脱离了清单计价。

五、竣工结算等与清单计价无缘

到目前为止，工程量清单计价的实施仍然停留在招投标阶段，究其原因，除了上述讲过合同文本及人们的习惯外，主要原因是许多财政投资的项目，大部分都是政府的政绩工程，经常出现在图纸不全的情况下，招标时间、开工典礼时间、工期及竣工日期就已确定，必须如期进行，图纸未经审查就招标，边施工、边设计、边修改，加上资金不到位，致使招标时的工程情况与实施后的工程情况完全是两回事，尽管是采用清单计价招标，但只是走形式，最终不得已采用以实结算。如××道路工程，采用清单计价招标，招标控制价仅 4000 万元，竣工结算是 6800 万元。

六、围标、串标问题

自 20 世纪 80 年代建设项目实施招投标以来，从中央到地方，相关法律，法规、规章及各种规范性文件都严禁招标人与投标人、招标人与招标代理公司、代理公司与投标人以及投标人与投标人之间相互勾结串通，进行围标、串标、陪标等行为发生，扰乱建筑市场秩序。但多年来，围标串标的问题一直没有解决，甚至大有愈演愈烈之现象，其原因大致有以下几种情况：①相关法律、法规、规章对严禁围标串标的规定都是原则性的；而地方出台的规范性文件也是照搬法规及规章中的原文条款，没有增加可操作性的条款；具体到招标文件，招标人和代理公司为了降低自己的风险，只能上仿下效，也是只有原则性的条款，却没有严禁围标串标的可操作的具体内容。②"僧多粥少"，企业为了减少损失，自发行成投标联合体，轮换中标或按造价比例提成。③招标文件不能体现工程的特点，除了项目名称、开标时间、企业资质要求不同外，像评分办法等内容则是千篇一律，几年都不变一次。④监管部门只监督招投标程序：如政府投资的项目，是否采用工程量清单计价招标、是否进交易大厅招标、从发公告至发售招标文件（即发标）、从发标至开标等时间是否符合规定要求的时间、是否限制了其他投标人准入等，而对招标文件中技术含量比较高的内容，则无人过问。⑤尤其政府投资的项目，个别责任单位没有责任心，反正是政府出资，且采用了公开招标，谁爱中标谁中标，与自己无关，等着使用现成的工程即可。

目前，××市为了规范招投标行为，在工程招标监管方面采取绝法：招标代理实行抽签制度，任何招标人自己不能找代理机构，必须到交易大厅计算机上随机抽取，抽到哪一家就必须让这家代理，目前在××市（常住人口仅40多万人）备案的招标代理公司有约100多家。工程招标实行网上报名，资格后审，使招标人无法对投标人考察，开标前谁也不知道（包括招标人）有多少家投标，评标时也不让业主参加，个别评委走形式。加上××部门认可的评分办法过于理论化，不切合实际，招标文件中的问题谁也不敢修改。这样做的结果虽然杜绝了招标人与投标人、代理公司之间的暗箱操作，但投标人与投标人之间的联系更加紧密，致使围标、串标更为严重，因此出现了招标代理专业户和投标专业户。

七、招标文件附带合同条款的弊端

我们都知道，签订合同的过程要经过要约和承诺。所谓要约，是希望和他人订立合同的意思表示，而承诺是受要约人同意要约的意思表示。有些合同在要约之前还会有要约邀请，所谓要约邀请，是希望他人向自己发出要约的意思表示，而招投标工程在合同签订过程中，招标文件应视为要约邀请，投标文件为要约，中标通知书为承诺（说明已完全同意投标文件要约的条件）。签订施工合同是开标后业主与中标人双方之间的事情，只有投标人中标了才涉及与业主进一步洽谈施工合同的问题。而招标文件说到底就是一个招标通知，但现在许多招标代理公司都把施工合同示范文本作为招标文件的一部分发给所有投标人，甚至有的招标代理公司在业主不知情的情况下，按照财政部、建设部关于印发《建设工程价款结算暂行办法》的通知（财建〔2004〕369号）文件要求，把工程预付款、进度款的支付及结算办法、竣工结算方式等写进了招标文件。在签订施工合同过程中，中标人会说：我们是看了你招标文件中工程款的支付办法才来投标的，我们中标了，你们为什么要改变工程款支付办法？给业主带来很大的被动，使双方签订施工合同的过程变得异常艰难。

八、其他项目清单计价问题

不管是招标人，还是投标人，甚至是编制清单及控制价的造价咨询机构，极易忽视其他项目清单的作用。实际上在项目实施过程中，从招投标至竣工结算，纠纷最多的就是其他项目清单中的暂列金额、暂估价与总承包服务费，许多人不理解其真正的含义。因此，在本章第四节中专门对其他项目清单计价进行了阐述。

第二节　清单计价与定额计价的关系

为了贯彻2003年清单计价规范，2004年9月，《××省建设工程工程量清单计价实施细则（试行）》发布实施，2004年12月，××市开始实施清单计价。凡使用国有资金投资建设的项目，不论投资额大小，必须实行清单计价。为了实施清单计价，我们在各种场合下大力宣扬清单计价的优点，总结定额计价的缺点：认为定额计价的主要特点是量、价合一，是计划经济的产物，反映不出企业的个别成本，不适应政府宏观调控、市场竞争形成价格的要求，不能满足建筑市场发展的需要等等。但十多年来也一直在困惑：因在实际实施工程量清单计价的过程中，无论是招标控制价的编制，还是投标人的组价报价、合同价的签订和竣工结算，都离不开现行的计价定额。直到通过认真学习2013年清单计价规范后，才使我们对清单计价模式有了进一步的认识：定额计价的计价定额，是清单计价的组成部分，是清单计价的计价基础，清单计价是在定额计价基础上发展起来的。13清单计价规范的发布实施，是全过程实施清单计价的开始。

一、计价定额是编制招标控制价的依据

定额计价是我国传统的工程计价模式，是采用国家或省级建设主管部门统一颁发的计价定额、取费标准、计价程序进行工程造价计算的。在定额计价模式下，建设主管部门在颁布工程预算计价定额的同时，还规定了相关取费标准，发布有关资源价格信息。建设单位与施工单位分别根据工程预算定额中规定的工程量计算规则、定额子目单价先计算直接工程费，再按照规定的费率和取费程序计取间接费、利润和税金，汇总后得到单位工程造价。采用清单计价方式招标后，虽然工程量清单作为招标文件的组成部分下发给了各投标人，但为了客观、合理地评审投标报价和避免哄抬标价，避免造成国有资产流失，也为了控制和掌握工程造价，以便做到心中有数，2003年、2008年、2013年清单计价规范都规定了招标人必须依据国家或省级建设主管部门颁发的计价定额和计价办法编制招标控制价，作为投标报价的最高限价，投标人的报价高于招标控制价的视为无效报价。这就证明尽管采用了清单计价，定额计价时采用的计价定额仍是清单计价招标时编制最高限价的依据。

二、计价定额是投标人组价报价的基础

按照清单计价规范要求，企业投标报价的计价依据是企业定额或参照省级建设主管部门颁发的计价定额和计价办法，消耗量自定，价格自定，自主报价。但事实上企业根本就没有自己的定额，即便是有，就在当时甚至截至目前情况下，也不可能得到有关部门及社会的认可。为了达到中标目的，只有按照现行的计价定额编制投标报价。由于清单计价规范的工程量计算规则与现行计价定额的工程量计算规则不一致，国家又没有与清单计价配套使用的基础定额，所以在组价过程中，尽管各投标人得到招标人下发的统一的工程量清单，但还必须依据现行计价定额中的工程量计算规则重新计算工程量并套价，再折算成清单工程量的单价，并按照清单计价及商务标评分办法要求进行报价。

实际投标人的具体报价步骤是：根据公布的招标控制价拟定总价让利比例→其他项目费的报价→总价措施项目费报价→分部分项工程量清单与单价措施项目费→规费、税金报

价→调整单价中的管理费与利润→调整并确定总价让利比例。

经过上面的几个步骤已计算出总报价，但不一定达到拟定理想的报价，还要反复调整材料单价、利润、管理费，一般要调整 2～3 次，以最终达到理想的单位工程报价金额。但值得注意的是：其他项目费中的暂列金额、暂估价属于招标人部分，是不允许改动的，投标人按照招标人给定的数值填写；总价措施项目在绝对保证质量安全的情况下，企业根据自己的技术水平确定让利比例，绝不可大幅度随意让利；分部分项工程量清单与单价措施项目费主要是先依据定额确定人、材、机单价后，再统一确定管理费和利润；规费、安全文明施工措施费及税金一般按现行计价依据规定足额计算，不得让利；最终达到投标报价内容组成要合理、报价数据应前后对应、数据计算要准确，总价确定后报价时不能二次让利，让利体现在综合单价中。

从投标人现实的报价情况来看，定额计价的计价定额是清单计价组价报价的基础，如果没有现行的计价定额，投标人的报价将无法进行。

三、双方履行合同习惯还达不到清单计价要求

根据清单计价量与价分离、风险公担的原则，即业主承担量的风险，投标人承担自主报价部分的风险。投标报价的特点是数据的前后必须保持一致，2003 年、2008 年、2013 年清单计价规范都规定了"投标总价应当与分部分项工程费、措施项目费、其他项目费、规费和税金的合计金额一致"。总报价与各清单之间的关系是：

工程量清单总报价 = ∑各单项工程报价

单项工程报价 = ∑各位项工程报价

单位工程报价 = 工程量清单项目费 + 措施项目费 + 其他项目费 + 规费 + 税金

清单计价报价与定额计价报价的区别：定额计价报价是按预算定额及相应计价办法规定先计算出造价，这个价格再让利即为报价，因此预算价与报价是不相等的；而工程量清单计价报价，让利是在每项清单单价中，最后的合价即为报价，这个价格是不能再让利的，所以预算价与报价是相等的。由此可以看出，清单计价招投标的工程合同价形式应属于单价合同。但自 2003 年 7 月推行清单计价招投标以来，一直沿用《建设工程施工合同（示范文本）》（GF—1999—0201），其中的合同价形式有固定价、可调价、成本加酬金三种，是定额计价时的合同价形式，与清单计价的价格形成要求根本不符，加上人们仍习惯于定额计价方式，所以双方签订的合同价形式一般不采用单价合同，而是采用固定总价或可调总价合同。尽管《建设工程施工合同（示范文本）》（GF—2013—0201）自 2013 年 7 月 1 日起开始执行，且合同价形式完全符合清单计价要求，但在签订合同过程中，相当一部分合同只有协议书、简单的拨款事项和质量保修书，专用合同条款根本不填内容。

对于合同履行过程中价款的调整，2008 年、2013 年清单计价规范及 2013 年合同示范文本中都规定：因分部分项工程量清单漏项或非承包人原因的工程变更，造成增加新的工程量清单项目，其对应的综合单价按下列方法确定：

1. 合同中已有适用的综合单价，按合同已有的综合单价确定；

2. 合同中有类似的综合单价，参照类似的综合单价确定；

3. 合同中没有适用或类似的综合单价，由承包人提出综合单价，经发包人确认后执行。

在实际实施过程中，第三条几乎就无法执行，原因是承包人提出的综合单价是否合

理，发包人无法确认，也不愿意确认，其次是为了解脱以后政府审计时追查责任，所以对于上述三条，双方往往约定这样的结算方法："当合同中没有适用或类似的综合单价或清单工程量增减在 15% 以上时，核增造价 = 按定额规定计算出变更工程量造价 × （1 - 投标让利系数）"，同时还注明政策性调整时造价随之调整。

从××市实施清单计价的情况来看，截至 2013 年底，清单计价模式的执行仅停留在招标文件和工程量清单的编制方面，而招标控制价和投标报价的编制是依据现行定额。实际上目前工程价格正处在政府定价向市场定价的过渡阶段，让人们完全达到 2013 年清单计价规范、2013 年合同示范文本要求不太现实。所以，合同价的确定、拨款、变更、索赔等不能满足清单计价要求，致使竣工结算更是与清单计价无缘，这就出现了同一项目的不同阶段采用定额计价与清单计价两种不同的计价模式。

四、定额单价是清单综合单价的主要组成部分

2003 年以前，工程计价采用定额计价，其特征是单价为工料机单价：人工费、材料费和机械费。2003 年 7 月，2003 年清单计价规范发布实施，清单计价的特征是单价为综合单价：人工费、材料费、机械费、管理费和利润，但实际上并没有与之配套使用的清单计价定额，还要参照各省建设主管部门颁发的计价定额进行换算才能计算管理费和利润。2003 年至 2008 年，工程计价采用定额计价与清单计价两种计价模式并存：全部使用国有资金投资或国有资金投资为主的工程建设项目，必须采用工程量清单计价；非国有资金投资的工程建设项目，采用何种计价方式由投资人选择。2008 年 12 月，××省住房和城乡建设厅、××省发改委联合发布了《××省建设工程工程量清单综合单价（2008）》定额，使定额单价的组成变为综合单价，基本上满足了清单计价的要求。按照 2013 年清单计价规范要求，今后只有清单计价模式，其主要特征是单价为综合单价：完成一个规定清单项目所需的人工费、材料和工程设备费、施工机具使用费和企业管理费、利润以及一定范围内的风险费用。定额计价时的管理费和利润是通过取费的形式计取的，而清单计价的管理费和利润是综合单价的组成部分，即清单计价和定额计价从根本上来说，只是单价的表现形式不同，没有本质的区别。

五、2013 年计量规范工程量计算规则与原定额的工程量计算规则基本一致

多年来，人们之所以对清单计价模式不太习惯，主要原因之一就是 2003 年、2008 年清单计价规范的工程量计算规则与各省计价定额的工程量计算规则不一致，按清单计价规范计算的工程量是工程实体的实物量，不考虑施工方法，而按定额规定计算的工程量基本上是实际施工量，这样就迫使投标人组价报价时还要按定额重新计算工程量。如挖基础土方工程量：2008 年清单计价规范的计算规则是"按设计图示尺寸以基础垫层底面积乘以挖土深度计算"；而河南省 2008 年综合单价定额的计算规则是还要增加工作面及放坡的土方体积，这样导致投标时所报工程量清单的土方量与实际施工时承包的土方量及单价均不对应。值得高兴的是这次 2013 年清单计价规范的计量规则基本上又回到原来定额计价时的工程量计算规则上去了（如挖土方增加工作面及放坡的体积、盘柜配线增加预留长度等），尤其与××省的 2008 年综合单价定额的工程量计算规则基本一致，加上该定额单价

由人工费、材料费、机械费、管理费和利润组成，所以××省的 2008 年综合单价定额基本符合 2013 年清单计价规范的要求，为在全省贯彻实施 2013 年清单计价规范打下了良好的基础。再从实施范围方面看，2013 年清单计价规范适用于建设工程发承包及实施阶段的计价活动，与 2003 年、2008 年清单计价规范仅"适用于建设工程工程量清单计价活动"截然不同。同时建标〔2013〕44 号文要求各省的计价定额：工程量计算规则必须与 2013 年清单计价规范的计量规则一致，单价形式必须采用与清单计价要求相符的综合单价。这就为真正实施工程量清单计价提供了切实可行的计量、计价保障。

通过以上对××市十年多来实施清单计价的情况回顾和国家标准 2013 年清单计价规范的发布实施，说明无论是定额计价还是清单计价，"定额"始终是计价的依据：定额所规定的人、材、机消耗量始终是一切计价的基础；一切的人、材、机费用都是基于定额消耗量产生的。目前，在《企业定额》没有普及且不能够被业主及有关部门普遍认同的情况下，国家或省级建设主管部门颁发的《计价定额》仍然是计价的依据，而《计价定额》又是 2013 年清单计价规范规定的计价依据。这充分说明：定额不但不能淡化，而应进一步加强；实质上清单计价是在定额计价基础上衍生出来的计价模式，是价的表现形式随着市场的变化而变化了，满足了建筑市场发展的要求，是定额计价的进一步深化、延续、完善和发展。

第三节　清单计价特点

一、计价体系组成

2013 年清单计价规范实施后，清单计价模式已不再是单独的一本计价规范，而是吸纳了定额计价中许多实用的东西，目前已成为一个计价体系，内容包括：

（1）住房和城乡建设部、财政部《建筑安装工程费用项目组成》的通知（建标〔2013〕44 号）；

（2）《建设工程工程量清单计价规范》（GB 50500—2013）1 本；《建设工程工程量清单计算规范》—计量规范 9 本；

（3）各省建设主管部门颁发的与 2013 年清单计价规范、2013 年计量规范配套使用的计价定额；

（4）《建设工程施工合同（示范文本）》（GF—2013—0201）；

（5）省级造价管理机构发布的人工费指导价、各地市造价管理机构发布的材料价格信息；

（6）各省建设行政主管部门制定的《建设工程工程量清单招标评标办法》。

二、风险共担

业主承担量的风险：工程量清单作为招标文件的组成部分，是投标人投标报价的基础，也是编制招标控制价、计算或调整施工工程量、索赔等的依据，其准确性和完整性有招标人负责；最终的工程量必须以承包人完成合同应予以计量的工程量为准。

投标人承担价的风险：根据国内目前建筑市场实际情况，工程计价正处在定额计价与清单计价的过渡阶段，所以各投标人必须依据统一的工程量清单在一定范围内进行自主报价，且工程量误差或变更变化在 15% 以内的，综合单价是不能改变的。

三、计价方法

编制招标控制价必须依据建设行政主管部门颁发的计价定额。

投标报价依据的是企业定额（或参照建设行政主管部门颁发的计价定额）。

竣工结算是合同约定原则（从约原则）：签合同时招标文件与投标文件不一致时，以投标文件为准；结算时投标文件与合同约定不一致时，以合同约定为准。

四、投标报价特点

报价特点是报价的数据前后必须相互对应。总报价与各清单之间的关系是：

工程量清单总报价 = ∑ 各单项工程报价

单项工程报价 = ∑ 各位项工程报价

单位工程报价 = 工程量清单项目费 + 措施项目费 + 其他项目费 + 规费 + 税金

最后的合价即为报价，这个价格是不能再次让利的，让利是在每项清单综合单价之中。

五、单价组成及合同价形式

单价是综合单价：完成一个规定清单项目所需的人工费、材料和工程设备费、施工机具使用费、企业管理费、利润以及一定范围内的风险费用。

常用合同价形式：单价合同或总价合同。

六、统一的工程量计量规则

各省均按 9 本计量规范规定的工程量计算规则计算工程量。计量规范的最大特点是与原各省计价定额的工程量计算规则基本一致，使清单计价模式实实在在地"接了地气"，为建设项目真正实施清单计价打下良好的基础。

七、计量单位

清单计价一般是基本单位。

八、明确了有效报价范围

招标控制价 > 投标报价 ≥ 工程成本，比 2003 年、2008 年清单计价规范更具有操作性。

九、评标办法更加合理

清单计价商务标不但要对总价评分（规费、安全文明施工措施费不参与商务标评审），还要对综合单价、材料单价、措施费等评分，在有效报价范围内，采用经评审合理低价中标。

明确了评商务标之前必须先清标，且评标时招标控制价参与评标基准值的计算，对遏制投标人围标、串标、规范投标计价行为起到了积极的作用。

十、适用范围

2013 年计价规范实施后，清单计价不再仅限于适用于建设工程工程量清单计价活动，而适用于建设工程发承包及实施阶段的计价活动。各省建设主管部门颁发的计价定额，是

2013 年计价规范规定的计价依据，即我们原来所谓的定额，已成为清单计价体系的组成部分。清单计价的合同价形式，不仅有单价合同，也有总价合同。所以我们说，清单计价是在定额计价的基础上发展起来的，是对定额计价的进一步完善、延续和发展，是满足目前建筑市场需求的唯一的计价方式。

第四节　其他项目清单计价

2013 年清单计价规范第 4.4.1 条规定，其他项目清单包括暂列金额、暂估价（材料暂估单价、工程设备暂估单价、专业工程暂估价）、计日工和总承包服务费共四项内容，是为保证项目顺利招标、顺利施工，并能快捷准确地核定结算造价而设定的，即把暂时不知道施工期间是否发生、不能确定施工期间发生多少工程量、不能确定施工期间发生多少造价等因素暂时设定数量或价格。因此，其他项目清单应根据施工图纸设计深度、施工现场条件、招标人的要求来设定。所以，对于每一个清单计价招标的项目，其他项目清单不一定有，即便是有，也可能是其中的 1～2 项，也可能 4 项都有。值得注意的是其他项目清单总表中有内容的项目，必须带有相应的附表，没有的就没有必要再带相应附表了，避免给投标报价带来不必要的麻烦。

但在清单计价实际实施过程中，由于造价从业人员不能正确理解其他项目清单，编制人下发的其他项目清单计价内容和表格不管实际是否发生，只管照搬计价规范全部内容，使投标人报价时无所适从；投标人不能正确填写相应的表格，致使计价格式很不规范，给评标带来了很大麻烦；签订合同时不明确约定其他项目费的用途和处理方法，对后期造价管理带来很多不利因素。为了使广大造价专业人员正确理解、掌握和运用其他项目清单计价方法，根据本人近几年的实践及对清单计价的理解，现就清单计价项目中其他项目清单的编制与计价简述如下。

以 2013 年某教学楼为例，对应 2013 年清单计价规范中的表格是其他项目清单与计价汇总表（表-12）及其附表：暂列金额明细表（表-12-1）、材料暂估单价表（表-12-2）、专业工程暂估价表（表-12-3）、计日工表（表-12-4）、总承包服务费计价表（表-12-5）。

其他项目清单与计价汇总表

工程名称：××学校教学楼　　　　　标段：　　第　页　共　页　　　　　　表-12

序号	项 目 名 称	金额（元）	结算金额（元）	备 注
1	暂列金额	1200000.00		明细详见表-12-1
2	暂估价	2088985.60		
2.1	材料暂估价	—		明细详见表-12-2
2.2	专业工程暂估价	2088985.60		明细详见表-12-3
3	计日工	7573.16		明细详见表-12-4
4	总承包服务费	69600.00		明细详见表-12-5
	合　　计	3366158.76		

注：材料（工程设备）暂估单价进入清单项目综合单价，此处不汇总（表中没有工程设备暂估价，因由业主直接购买）。

暂列金额明细表

工程名称：××学校教学楼　　　　标段：　　第　页　共　页　　　　　表-12-1

序号	项 目 名 称	计 量 单 位	暂定金额（元）	备　注
1	……	……	……	
2	……	……	……	
3	……	……	……	
合　　计			1200000.00	

注：此表由招标人填写，如不能详列，也可只列暂定金额总额，投标人将上述暂列金额计入投标总
　　价中。

材料（工程设备）暂估单价及调整表

工程名称：××学校教学楼　　　　标段：　　第　页　共　页　　　　　表-12-2

序号	材料（工程设备）名称、规格、型号	计量单位	数量		暂估（元）		确认（元）		差额±（元）		备　　注
			暂估	确认	单价	合价	单价	合价	单价	合价	
1	装饰圆柱面啡网纹花岗岩	m²		1750							用于雨棚下圆柱装饰面
2	运动型塑胶地板	m²		130							用于体育训练馆
3	……										……
合　　计											

注：此表由招标人填写"暂估单价"，并在备注栏说明暂估价的材料（工程设备）拟用在哪些清单
　　项目上，投标人将上述材料（工程设备）暂估单价计入工程量清单综合单价中（此项目没有工
　　程设备暂估价，因由业主直接购买）。

专业工程暂估价及结算价表

工程名称：××学校教学楼　　　　标段：　　第　页　共　页　　　　　表-12-3

序号	工程名称	工程内容	暂估金额（元）	结算金额（元）	差额±（元）	备　　注
1		玻璃幕墙 328.56m	413985.60			单价 1260 元/m²
2		自动消防喷淋工程	1675000.00			
3		……	……			
合　　计			2088985.60			

注：此表"暂估金额"由招标人填写，投标人应将"暂估金额"计入投标总价中。结算时按合同约
　　定结算金额填写。

计 日 工 表

工程名称：××学校教学楼　　　　标段：　　第 页 共 页　　　　表-12-4

编号	项 目 名 称	单位	暂定数量	实际数量	综合单价（元）	合价（元）暂定	合价（元）实际
一	人 工						
1	装修技术木工	工日	15		81.00	1215.00	
2	……	……	……	……			
	人 工 小 计					1215.00	
二	材 料						
1	42.5级水泥	t	4.5		340.00	1530.00	
2	中粗砂（干净砂）	m³	10		147.42	1474.20	
	材 料 小 计					3004.20	
三	施工机械						
1	8t自卸汽车	台班	2		691.05	1382.10	
2	单斗容量1m³ 轮胎式装载机	台班	2		635.93	1271.86	
	施 工 机 械 小 计					2653.96	
四、企业管理费和利润						700.00	
	总 计					7573.16	

　　注：此表项目名称、暂定数量由招标人填写，编制招标控制价时，单价由 招标人按有关计价规定确
　　　　定，并计算合价；投标时，单价由投标人可自主报价，按暂定数量计算合价计入投标总价中。
　　　　结算时，按发承包双方确认的实际数量计算合价。

总承包服务费计价表

工程名称：××学校教学楼　　　　标段：　　第 页 共 页　　　　表-12-5

序号	项 目 名 称	项目价值（元）	服 务 内 容	计算基础	费率（%）	金额（元）
1	发包人发包的通风空调工程	1740000	现场配合服务、协调管理、竣工资料整理等	1740000	4	69600.00
2	发包人提供材料					
3	……	……	……			
	合 计	—	—	—	—	69600.00

　　注：此表项目名称、服务内容由招标人填写，编制招标控制价时，费率及金额应由招标人按有关计
　　　　价规定确定；投标时，投标人可自主确定费率，并计算合价，计入投标总价中。

　　2013年清单计价规范第2.0.18条暂列金额：招标人在工程量清单中暂定并包括在合
同价款中的一笔款项。用于施工合同签订时尚未确定或者不可预见的所需材料、设备、服

务的采购，施工中可能发生的工程变更、合同约定调整因素出现时的工程价款调整以及发生的索赔、现场签证确认等的费用。

编制清单及招标控制价时，相关辅导教材给定的比例是：一般可按分部分项工程费和措施项目费的10%～15%为参考，具体可根据工程的复杂程度、设计深度、工程环境条件（水文、地质、气候等），由业主酌情估算确定具体金额，并填写暂列金额明细表（表-12-1）。暂列金额要与招标文件及工程量清单的总说明相一致。报价时，投标人按照招标工程量清单中列出的暂列金额填写，不得改动。

暂列金额相当于"2003年计价规范"中的预留金，最早也称之为不可预见费，是由招标人暂定并掌握的款项，只有按照合同约定程序实际发生后，才能成为中标人的应得金额，纳入结算价款中。

2013年清单计价规范第2.0.19条暂估价：招标人在工程量清单中提供的用于支付必然发生但暂时不能确定价格的材料的单价、工程设备单价以及专业工程的金额。

暂估价应通过市场调查确定，其中工程设备暂估价是新增内容，仅限于中标人购买部分或暂时不能确定招标人是否购买。

材料（工程设备）暂估价是施工中必然发生，只是暂时不能确定价格，由招标人暂估该材料（工程设备）的单价。总表（表-12）材料（工程设备）暂估价金额栏内不填写数量，但材料（工程设备）暂估单价表（表-12-2）招标人必须详细填写，填写的计量单位最好与预算定额的计量单位一致。填写的材料名称、规格、型号应与工程量清单的总说明一致，应与分部分项工程量清单特征描述相对应。值得注意的是编制工程量清单时，招标人只填写单价，不再填写合计金额。招标人应将暂估价材料所用于工程的部位及特殊要求标注在对应材料备注栏内，以明示与该部分材料对应的分部分项工程量清单，并将其单价计入综合单价；投标人报价时，材料、工程设备暂估价不得变动和更改，并按招标工程量清单中列出的单价计入综合单价，但消耗量投标人自主确定。

专业工程暂估价是暂时不能确定的专业工程价格，由招标人暂估该金额。其总表（表-12）中专业工程暂估价金额栏填写的数据应与专业工程暂估价表（表-12-3）的合计金额栏相对应。专业工程暂估价表（表-12-3）所填写的专业工程项目应与工程量清单的总说明相对应。专业工程暂估价应在总说明中表述该项费用计入单项工程的位置，即专业暂估价是哪个单项工程中的内容。报价时，投标人不能修改专业工程暂估价的金额，即专业工程暂估价必须必须按照招标工程量清单中列出的金额填写。

2013年清单计价规范第2.0.20条计日工：在施工过程中，承包人完成发包人提出的工程合同范围以外的零星项目或工作，按合同中约定的单价计价的一种方式。

实际上计日工是为了解决施工过程中发生的，原合同内容范围以外的零星工作计价而设立的，为额外工作和变更的计价提供了一个方便快捷的途径，类似于定额计价时的签证零工。

编制清单时，第4.4.4条条文规定：计日工应列出项目名称、计量单位和暂估数量。暂估数量（人工数量、材料数量、机械台班数量）一定要根据经验尽可能贴近实际。我们可以理解为计日工是招标人提出图纸以外的零星工作或项目，并明确工作内容和暂定数量，由投标人自主确定单价，相当于"2003年计价规范"的零星工作项目费。总表（表-12）中不填写该项内容，招标人只填写计日工表（表-12-4）中的单位及暂定数量，其余不填写。

编制计日工控制价时，第5.2.5.4款：计日工应按招标工程量清单中列出的项目根据工程特点和有关计价依据确定综合单价计算。一般情况下，人工费、机械费按照省定额站发布的指导价计算，材料价格按照当地造价管理机构发布的价格信息计算。

投标报价时，第6.2.5.4款：计日工应按招标工程量清单中列出的项目和数量，自主确定综合单价并计算计日工金额。

值得注意的是：投标人不能修改计日工的数量，但计日工的单价由投标人自主确定，并将合价填入总表的对应栏内。

2013年清单计价规范第2.0.21条总承包服务费：总承包人为配合协调发包人进行的专业工程分包，对发包人自行采购的材料、工程设备等进行保管以及施工现场管理、竣工资料汇总整理等服务所需的费用。

总包承包服务费实际上是指工程实行总承包时：①招标人在法律、法规允许的范围内对工程进行分包要求总包人进行协调服务；②发包人自行采购供应部分设备、材料等，要求总承包人提供相关服务（脚手架、垂直运输机械、水、电等）；③对施工现场进行协调和统一管理、对竣工资料进行统一汇总整理等服务所需的费用。

编制清单时，第4.4.5条规定：总承包服务费应列出服务项目及内容等（表-12-5）。

编制招标控制价时，第5.2.5.5款规定：总承包服务费应根据招标工程量清单列出的内容和要求估算。

具体计算标准可参照规范：

1. 招标人仅要求对分包人的专业工程进行总承包管理和协调时，按分包的专业工程估算造价的1.5%计算。

2. 招标人要求对分包的专业工程进行总承包管理和协调并同时要求提供配合服务时，根据招标文件中列出的配合服务内容和提出的要求按分包的专业工程估算造价的3%～5%计算。

3. 招标人自行供应材料的，按招标人材料价值的1%计算。

投标报价时，第6.2.5.5款规定：总承包服务费应根据招标工程量清单中列出的内容和提出的要求自主确定。

根据以上对其他项目清单的阐述，我们可将其他项目清单的内容分为两部分：一部分为招标人定价部分，包括暂列金额、暂估价，投标人按照招标工程量清单中列出的金额填写，不得改动；另一部分为招标人定量投标人定价部分，包括计日工、总承包服务费，投标人可自主报价。

暂列金额视施工图纸设计深度而定，施工图纸设计详细的可以少列，否则可多列。暂列金额不宜占工程项目总价比例过大，否则失去了清单计价招标的意义。

暂估价数量过多业主承担相应风险就越大，因此，最好是不好确定的专业项目、材料、设备价格的采用暂估价。对于材料、设备暂估价，招标人估价时应尽可能地减少偏差，为后期工程造价管理提供可靠的参考；专业暂估价招标人估价时应避免随意性，尽量多询价，可参考其他同类工程的结算价、预算价及市场行情定价。

但值得注意的是：在实际施工过程中，暂列金额有时发生，有时不发生；但暂估价在实际施工过程中是必然发生的。所以招标时，暂估价的材料品种也不宜太多，其总价款也不宜过高。个别招标人把装饰材料、洁具、外墙保温等都列为暂估价，其品种和总价款都过高，实际上已失去了清单计价招标的意义了。大家仔细想一想，什么材料业主都暂定，企业投标还竞争什么?

暂列金额与暂估价不能作为总价的评标基数,也不能作为计算风险系数的基数,因这两项的风险在业主一方,即其风险由业主承担,投标企业不承担这两项费用的风险,让利时是扣除这两项费用后的让利。评标时如不将这两项费用减掉,会使评标基数增大,和企业投标让利的基数不一致,致使有的企业让利刚出范围时,由于基数的增大又使让利恰到好处,导致不必要的纠纷发生。因此总价计分时招标控制价与投标企业的报价都要减掉暂列金额与暂估价后再计算评标基准值。

招标人定量投标人定价的计日工、总承包服务费是为配合发包人供材、分包和便于结算而设的。在投标总价一定的情况下,投标人对其他项目费报价过低,分部分项工程费和措施项目费势必抬高,这样会对这两项评标基准值的计算带来一定的影响,即便是中标了,在实施过程中会有很多不确定因素和很大风险:①计日工的单价,招标控制价的单价与实际施工中的人工费相差甚远。②专业分包工程在实施过程中,总承包单位私下里会给专业承包单位设置许多障碍,索要的施工配合费,远比总承包服务费高得多。因此,建议招标人最好不列计日工、总承包服务费。确实必须列项的,项数、数量(金额)不宜过大,总承包服务费应注明配合服务内容,并在招标文件中设定评标计分标准加以限定不合理报价。

其他项目清单计价表的设置,应根据业主要求、工程特点等条件,可按标段、单项工程数量设置。但应注意:汇总表中的数据应与附表内容一致,即总表数据来源于附表。其他项目清单应与总说明内容表述一致。为了便于评标及工程施工期间的造价管理,应在总说明中表述其他项目清单各项费用计入部位。材料暂估价、专业暂估价应尽量与市场价相符。

还要弄清暂估价材料与业主供应材料的区别:暂估价材料与业主拟供应的材料是两个不同的概念,不能混为一起。材料暂估价是在其他项目清单中,是对材料的暂时估算价格,招标时不确定谁来购买,将来实际采购价格与最初的暂定价格不一样时时可以调整造价;业主供材是自定价格并自行购买的材料,并负责实际价格与招标价格的差异,不属于其他项目清单的内容。所以,二者不能在同一表内,可补充"业主供应材料表"。

签订合同时要对其他项目造价部分的后期处理方法加以约定。暂列金额虽然列入合同价,但不能作为拨付进度款的基数,主要用于发生变更、签证、索赔等的费用,从暂列金额中支出,若有剩余应退还业主,不足部分由业主补差;暂估材料单价是招标时对材料的估算价格,用于工程双方认可的实际价格低于暂估单价时,从造价中减去差价费用,用于工程双方认可的实际价格高于暂估单价时,增加差价费用;专业暂估价应依据双方共同认可的实际价格进行结算,实际造价高于原专业暂估价时增加差额部分的造价,实际造价低于原专业暂估价时减少差额部分的造价,差额部分造价计入工程结算;计日工按发包人认可的实际签证数量乘以合同约定单价,计入工程结算,若不发生计日工则扣除原计日工部分造价;总承包服务费是在招标时就已明确不让总承包人施工、实施中需另外发包的专业工程,由招标人支付给总承包单位的协调服务费用,应在合同中约定服务内容及分包项目造价变化后的服务费调整方法。还要约定非总承包人施工的专业暂估价及业主供应材料、设备时,总承包人应计取的服务费。

总之,其他项目清单中的表格与内容,则应根据工程实际情况与业主要求进行编制,绝对不能不管实际是否发生,只管照搬计价规范。在实际实施过程中,项数越少越便于管理,计日工一般不列,以减少不必要的争执和纠纷。

第二章 计算机辅助评标

在开始推行工程量清单计价时，我们就发现在清单计价模式下，商务标的评标和定额计价模式下相比发生了很大的变化：不但要对总报价评分，还要对工程量清单项目费合价、措施项目费、分部分项工程量清单项目综合单价和主要材料价格等评分，使得每次评标数据都在近百项甚至上千项，再加上清标，手工计算得分很难完成任务。如何提高清单商务标评标工作的科学性、公正性、准确性、快捷性，是当时迫切需要解决的问题，并且这一问题在一定程度上已经成为制约清单计价模式深入推行的一个关键。于是我们从2003年12月就开始研究计算机评商务标，至2004年12月用于工程实践，2007年8月以来，我们一直与河南理工大学合作，研究"清单计价模式下商务标快速评标系统"和"清单计价模式下商务标快速清标系统"，并在招投标实践中获得应用，效果非常显著。

第一节 商务标快速评标

一、研究计算机评商务标的必要性

工程项目评标的快捷性、准确性，对招投标工作效率有重要的影响。在传统非清单计价模式下，建设工程招投标评标只看总价，评委在一般计算器的辅助下完全能够较好满足评标快捷性、准确性要求；但在工程量清单计价模式下，商务标的评标工作和以前相比发生了很大变化，其突出的表现：

（1）清标工作量增加：对投标文件的响应性审查、符合性审查、计算错误审查极大地增加了清标的工作量。

（2）评审内容增多：在清单评标过程中经常采用综合评估法和采用经评审最低投标价法，综合评估法的抽取参加评标项数达到17~32项，而采用经评审最低投标价法17~37项之多，且每一项的评定方法都很复杂。加上清标，这就使得每次评标的评审数据都在几百甚至上千项。

（3）得分计算办法复杂、评审的工作量大：定额计价下评标，只需要计算报价与标底偏差率，然后依据偏差率计算得分，即两个步骤即可完成，清单计价模式下评标其每一项的评定步骤一般超过4个步骤，甚至多达8个步骤乃至更多，因而人工清标和手工评分计算耗时长、效率低，很难推行。

（4）评分方法多样化：目前全国各地区基本都颁布了各地的清单评标办法，但这些评标办法十分多样。其一是各地区的评标方法不同，甚至是同一省区的不同市县的评标方法亦不相同；其二是不同的商务标评标项目，其评分办法亦不同，有的得分需要限定计分范围，有的得分可按插值法计算，有的得分采用升降比例法等多种。

综上所述，寻求用更高效的计算机辅助评标代替低效率的手工评标方式是建设工程招投标评标的必然趋势，也是推行工程量清单计价过程中首先要解决的技术难题，但由于评标方案的多样化，××省目前尚没有统一的一款能提供多种评标方案兼容的多方案评标系统。从而，对评标方案及其处理方案进行有效研究，开发出一款适合于全省各地区清单商务标评标办法、同时兼顾其他省（区）评标办法的多方案快速商务标评标系统，对于清单计价模式的深入推行具有重大的社会效益和经济效益。

二、主要技术内容研究

（一） 清单计价模式下的招投标研究

（1）分析了推行清单计价模式后工程招投标的变化，由于清单评标工作增加了清标环节、评分项目增多、得分方法计算复杂，在进行评标时应将主要定量分析、对比的评定工作交由计算机自动完成，而将剩下少量的却很重要的定性分析的工作交给评标委员会，这样可以提高效率，又保证了质量。

（2）通过对清单招投标评标流程的研究，分析认为清标的数据处理对象是整个报价信息资料，而得分计算的数据处理对象是所抽选的较少的一部分数据，从而，为避免会产生大量的数据冗余，应立足于实行一种评标整体解决方案，将清标和评标工作分为既相互独立又相互联系的不同子系统来实现。

（二） 清单商务标评标方法研究

（1）分析总结了全省各地区及周边省市的总报价评定方法，认为采用综合评估法评定总报价具有以下特点：

第一，在确定有效报价后，一般要进一步确定报价范围。

第二，需要依据有效报价计算评标基准价，基准价的计算一般有三种情况：其一，以各有效企业投标报价平均值作为基准价；其二，以由上述办法确定的平均值的基础上再下浮一定比例来确定基准价；其三，由招标控制价和企业报价平均值各占一定比例来综合确定。

第三，计分办法一般可以分为三种：其一，范围内参照基准价的升降比例法，即范围内得分都是依据各投标报价与基准价相比的浮动比例来相应扣减，范围外得一个固定的分数；其二，范围内参照基准点的升降比例法，即范围内得分都是依据各投标报价与基准点相比的浮动比例来相应扣减，范围外得一个固定的分数；其三，范围内的插值法，即范围内按照插值法来计算，范围外得一个确定的分数。

（2）分析总结了全省各地区及周边省市的分部分项工程量清单项目综合单价的评定方法，对比分析认为各省或地区在综合单价的评定方面差异较大，主要表现在以下几个方面：①抽选项数不同：有的省市要求 10 项、河南省 10～20 项、有的省市不低于 20 项、××市则要求 30 项。②抽选方法不同：河南省只要求依照招标文件，并没有其他特殊要求；而其他三个地区则规定了具体抽选方法，××省要求按该项占清单项目费的比重从高到低抽选，且抽选的项数的费用和不低于清单项目费的 70%，这样势必抽选项数很多。③评标基准价的计算方法比较接近：都以各有效投标单位的算术平均值作为基准价，有的需要在这个平均值的基础上下降一定比例。④计分办法主要有两种：一是范围内取定值法；二是与基准价相比的升降比例来扣分的方法。

（3）分析全省各地区及周边省市的清单招标措施项目费的评标方法，对比分析发现，其差异非常大，其中四个地区中每个地区都有一种独特的方法。河南省方法为有范围基准价升降比例法，××省为计算机评审和评委评审相结合的方法，计算机评审为基准价升降比例法，山东××市采用的方法措施费在基准价的不同升降区间采用不同比例的扣减分数，陕西××市则采用无范围基准价升降比例。因而措施项目费的评定，各种方法无法进行一般化。

（4）对比分析了全省各地区及周边省市的清单招标主要材料报价的评标方法，对比分析发现其相同点较多，首次将其归纳为两种方法，分别为有范围的取定值法和基准价升降比例法。

（5）关于合理低价中标方法，认为采用合理低价中标方法的关键是如何判断各企业报价是否低于其成本价，总结了目前全国各地区所采用的合理低级中标方法，专家成本法、平均报价下浮法、单价评审法、总价评审法等，认为这些方法参考了专家意见，有的也建立了很好的数学模型，但就如何界定企业报价是否低于其成本价仍缺乏有效说服力，本系统在开发的时候主要考虑了河南省××市所规定的详细评审法的规定。

（6）在总结××省各地区及全国典型清单商务标评标方法的基础上，就综合评估法，首次提出了有范围评标和无范围评标的方法体系，其中，有范围评标可以有参照的基准价（点）升降比例法和插值法（取定值法可归纳到插值法中）；无范围评标一般可以按照插值法计算。

（三）　建立评标方法数据处理模型

（1）通过对评标方法的归纳，首次提出了计算评标基准价的"六因素"法，即依据企业报价均值、企业报价均值下浮比例、企业报价在基准价所占比例、业主报价、业主报价下浮比例及业主报价占基准价比例六因素确定基准价，可以适用于绝大多数情况下评标基准值的计算。

（2）建立了确定合理报价范围的数据处理方法，报价范围分为范围上限和范围下限，各设定一个参照基数，基数选择为评标基准价一定比例或招标控制价一定比例。

（3）由于评分基准点往往有多种，首次较完善地归纳了可以概括实践中各种情况的六种计算基准点方法，分别为：以范围内最低点为基准点，以范围内最高点为基准点，以拦标价为基准点，以基准价为基准点，以基准价下浮一定比例为基准点，以拦标价下浮一定比例为基准点多种。

（4）得分计算方面，分有范围评标和无范围评标，提出了基准值法、基准点法、取定值法、差值法等方法，并首次将取定值法和插值法融合为一种更一般的方法，在数据处理过程中，取定值法是插值法的一种特例，这样，让数据处理过程更简化。

（四）　评标系统的构成

（1）在系统结构方面，基于清标和评分环节的数据处理对象的较大差异，立足于实行一种评标整体解决方案，将整个评标系统划分为相互联系而又相对独立的三个子系统：电子标书子系统，标书汇总及审查、抽选子系统和商务标评分子系统。三个系统运作流程方面：首先有招标人制作电子标书（主要是电子版的工程量清单），并作为招标文件一部分发售给投标人。投标人确定报价后，在招标电子标书中输入报价，并作为投标文件的一部分提交给招标人。在具体评标过程中，评标人将各投标人电子标书汇总到一起，然后进行电子清标审查，主要检查报价的完整性、一致性和规范性，然后抽选出参评的数据。评标人抽选的参评数据经手工或自动录入进入评分系统，然后选择与招标文件一致的评标方案，最后输出所需要的评标结果。这样每个部分各完成一种功能，又相互合作，既避免数据庸余，又提高了评标效率。

（2）在系统开发方面，首次基于 EXCEL 和 ACCESS 平台，并主要运用 EXCEL VBA（Visual Basic for Application）来进行系统界面和菜单开发，基于 ADODB 链接实现 EXCEL 和 ACCESS 的对接，并充分利用了 EXCELE 成熟的表格和强大的公式、函数功能，使得系统具备较美观的操作界面和快捷运算功能，有利于评标系统在更广泛的区域推广。

（3）在总结评标方案的基础上，以灵活的对话框的形式，提供可供评标人充分选择的多重评标方法，评标人可以结合下拉按钮和权重输入框灵活选择和输入，选择后按所选方案快捷输出得分，同时，提供所选择评标方案的查询，充分保证评标的公平性、公正性。

（4）在评标结果输出方面，提供多种形式的输出功能，能够实现各报价单位得分的排序输出，各单位得分细目的得分详细输出，各得分项目偏差率的输出等。

三、技术特点

随着《建设工程工程量清单计价规范》的深入贯彻实施，采用清单计价模式的招投标的建设工程必然越来越多，由于人工手工评标无法应对清单下的复杂评标方法和众多评标项目，计算机辅助评标将是工程招投标评标的必然发展趋势。

通过清单招投标实践，××市率先在河南省推行电子评标，对其技术、经济效益、社会效益进行全面研究，有效解决了制约清单计价深入推行的评标难题，该技术在国内处于领先地位。

1. 首次运用 VBA 在 EXCEL 基础上开发出清单商务标评标系统。

2. 提出了运用六个因素计算基准值的方法，使得基准值的计算更具一般性，适合各种评标方案下基准值的计算。

3. 提出了有范围评标和无范围评标的方法，兼容"综合评估法"和"经评审的合理最低价法"，实现了多方案评标。

4. 实现了评标数据的自动录入，数据处理简便、快捷。

5. 广泛适应于河南省各种工程项目的清单评标工作，亦能应用于其他省（区）的清单评标工作。

四、系统应用情况

1. 提高评标的快捷性。

经××市多年来的工程评标实践证明，采用商务标快速评标系统，绝大多数工程的商务标评标均可以在 2 小时内完成，且同时也达到了工程量清单招标评标的评审深度和精度要求。

2. 提高了评标结果的准确性。

商务标快速评标系统可自动录入基础数据，评标方案选择简便，且其计算过程小数点的位数可以进行更深入的确定，无须再进行验证，准确性极大提高。

3. 使评标过程更趋于公开、公平和公正。

商务标评标过程可以通过大屏幕公开，就评标结果而言可以输出每一单项报价的偏离程度及其得分，从而使评标过程更公开、公平和公正。

××市自 2004 年 12 月实行清单计价招投标以来，将计算机辅助评标应用到清单商务标评标领域，很好地解决了推行清单计价模式后手工评标难的问题。由于评标快速且数据处理准确，对投标人数及标段数量没有限制，充分剔除了人为因素的影响，使得业主和投标人对招标过程比较满意；也增强了业主和承包商对清单计价优越性的认识，使得清单计价模式在××市得以深入、广泛地推行。

2009年，该评标技术先后获得××省政府科学技术进步三等奖、××市政府科学技术进步一等奖、××省住房和城乡建设厅建设科技进步一等奖。

之后，我们仍不断研究，并应用××省《建设工程造价软件数据交换标准》（DBJ41/T087-2008），将工程量清单项目综合单价抽取10~20项改为所有清单项目综合单价全部参评，使该评标技术更加完善、客观和公证，为实现电子评标提供了可靠的技术保证。为此，2010年7月，××市住房和城乡建设局下发了"关于印发××市建设工程工程量清单招标电子评标办法（试行）的通知"（×建文〔2010〕82号）；2011年3月，××市人民政府下发了"关于印发××市工程建设项目电子化招标电子评标办法（试行）的通知"（×政〔2011〕14号），为在全市推行该评标技术提供有力的政策保障。

从××市多年来推行清单计价情况来看，由于该评标系统解决了清单商务标评标难的技术问题，为清单计价在我市实施起到了关键作用：①从经济效益上来讲，采用清单计价招标将节省3%左右的建设资金。②推行无纸化电子标书，这对业主及投标企业来讲每次又能节省打印、装订及纸张等数千元的费用，也起到了节能减排的作用。若在全国内推行无纸化电子标书，意义更大。③为实现网上招投标奠定基础。④从社会意义上来讲，有利于规范业主在招标中的行为，从而真正体现公开、公平、公正的原则，节约建设资金，提高管理水平，真正实现工程计价从政府定价向"政府宏观调控，企业自主报价，市场竞争形成价格"的转变。

第二节　商务标快速清标

一、研究计算机快速清标的必要性

随着计算机辅助评标技术在我市的推行，2012年10月，××市的"建设工程交易中心"脱离住建局管理，划归市政府新成立的"公共资源交易中心"管理，并美其名曰在全市推行电子招投标，实际上是招标过程公开化、招标文件公式化、评标办法公式化。通过评标发现的问题不能及时修正，加上个别软件公司为了自身的利益，只做表面文章，不深入研究清单计价的特点，将总报价、清单项目综合单价等的评分办法均改为接近投标人报价的算术平均值得高分，正偏离、负偏离得分相同。按照这样的计分办法，投标人如不找几家进行围标、串标，根本没有中标机会，投标报价的目的成了围"评标基准值"，找的家越多，越能掌控评标基准值，中标的机会就多，最终结果是导投标人围标、串标的现象更为严重。由于围标、串标要有一定的人、财、物投入，致使投标让利越来越少，加上建设工程交易中心操作电脑的人员不懂造价，清标也变得有名无实，不能在评标过程中发挥其应有的清标功能，造成后期的合同、造价纠纷接连不断。

同时，我们在长期的评标实践中还发现，评分办法是否公平、合理，没有永恒的标准，随时都可能出现意想不到的问题。发现问题在下次招投标时要及时修改，因投标企业也在不断研究评标计分标准，挖空心思钻招标文件的漏洞，尤其是评分办法的不足之处，以便制定相应的报价策略。就主要清单项目的评标而言，不管是随机抽取 10 ~ 20 项，还是所有清单项目全部参评，只要是招标控制价的综合单价不参与评标基准值的计算，投标人极易联合起来围标：使主要清单项目综合单价的报价非常接近，高低由一家"买断"掌控，其他投标人必须听其号令，共同围综合单价的"评标基准值"，使该项得高分，最终达到中标的目的。

随着建筑市场的不断变化和发展，投标人的围标、串标手段也在不断变化，我们必须随时制定相应的办法和策略。为了规范投标人的投标报价行为，对清单招标的各项评标计分标准必须建立在以规范计价行为为目的，从技术设置上必须增加围标串标的难度，以减少实施阶段纠纷的发生。于是，我们从 2013 年 7 月份开始，在原有计算机辅助评标技术的基础上，结合围标、串标的特点以及对招投标监督管理的现实情况，对清标功能单独进行开发、研究并在实践中得到检验成功，得到××省住房和城乡建设厅有关专家的一致认可。

二、清标的概念

1. 清标的含义。

"清"作为动词是"清理、整理"的意思，即通过清理整理活动，发现并剔除杂质，让信息变得更加清晰和易于处理；"标"指的投标人提交的投标文件。

清标是针对投标人投标文件的清理和审查，即在开标后评标评分前，依据招标文件和评标对信息的要求，采用核对、比较、筛选、分析等方法，对投标文件进行基础性的数据审查和分析、整理工作，找出投标文件中可能存在疑义或者显著异常的数据，为初步评审以及详细评审中的质疑工作提供基础。技术标和商务标都有进行清标的必要，但一般而言，清标主要针对的是商务标（投标报价）部分。

2. 清标和评标的区别。

评标的要点在于评价，评标委员会依据既定的要点对各投标单位进行排序，即要为招标人给出评价结果；清标的要点在于审查投标文件，为评标提供基础信息，而不能做出倾向性的评价。

清标有可能由代理公司、清标软件的开发公司委派的技术员或者评标委员会等来完成。评标只能由评标委员会的评委来完成。

三、清标工作的发展过程

1. 国际工程的清标工作。

建设产品交易的典型特点是交易在前，生产在后，交易环节能否选择合适的中标人对后期的工程目标的实现有非常重要的影响。国际工程招标一般采用最低价中标，为了提高交易环节的质量，选定最佳中标人，投标人标书的合理性成为一项重要的专业审查内容，因此，国际工程非常重视清标工作，清标也成为国际上通行的做法。

在国际工程评标过程中，一般都邀请工程招投标领域的专业人员（清标专家）对投标文件进行客观、专业、负责的核查和分析，找出问题、剖析原因，给出专业意见，供评标专家和建设单位参考，以提高评标质量，并为后续的工程项目管理提供指引。

2. 我国清标工作的发展历程。

我国的工程清标工作是伴随着招投标评标活动的产生而产生的，最初的清标工作主要是融合在评标工作中一些前期审查工作；但随着清单计价模式的实施，评标（尤其是商务标评标）处理数据的日趋复杂，清标工作的重要性逐渐被人们认识，清标工作日趋复杂化和规范化，清标工作也日益独立化为一项重要的工作。

目前，我国的清标工作主要侧重于为评标提供基础信息服务，还未发展到深入分析，提供专业意见的阶段。其发展大体可以划分为清单计价实施前和实施后两个阶段。

（1）清单计价实施前的清标工作。

在实施清单计价以前，由于评标处理的信息相对较少，清标工作是包含在评标工作中的，如2000年1月1日实施的《中华人民共和国招标投标法》第三十九条规定："评标委员会可以要求投标人对投标文件中含义不明确的内容作必要的澄清或者说明，……。"2001年6月1日建设部第89号令颁布实施的《房屋建筑和市政基础设施工程施工招标投标管理办法》第三十九条："评标委员会可以用书面形式要求投标人对投标文件中含义不明确的内容作必要的澄清或者说明。投标人应当采用书面形式进行澄清或者说明，……。"都指出了投标文件中的"含义不明确的内容"，要找出投标文件中"含义不明的内容"，实际上要求评标人对投标人的投标文件进行认真的核对、审查和整理。

2001年7月5日颁布实施的七部委12号令《评标委员会和评标方法暂行规定》第十六条："招标人或者其委托的招标代理机构应当向评标委员会提供评标所需的重要信息和数据。"这一条实际上明确了招标人或者其委托的招标代理机构在工程评标时的信息服务职能，其所"提供评标所需的重要信息和数据"可以是原始的投标文件，也可以是经过清理和审查的评标数据。

12号令第十九条第1款："评标委员会可以书面方式要求投标人对投标文件中含义不明确、对同类问题表述不一致或者有明显文字和计算错误的内容作必要的澄清、说明或者补正。……。"第2款："投标文件中的大写金额和小写金额不一致的，以大写金额为准；总价金额与单价金额不一致的，以单价金额为准，但单价金额小数点有明显错误的除外；对不同文字文本投标文件的解释发生异议的，以中文文本为准。"

第二十条："在评标过程中，评标委员会发现投标人以他人的名义投标、串通投标、以行贿手段谋取中标或者以其他弄虚作假方式投标的，该投标人的投标应作废标处理。"

第二十一条："在评标过程中，评标委员会发现投标人的报价明显低于其他投标报价或者在设有标底时明显低于标底，使得其投标报价可能低于其个别成本的，应当要求该投标人作出书面说明并提供相关证明材料。投标人不能合理说明或者不能提供相关证明材料的，由评标委员会认定该投标人以低于成本报价竞标，其投标应作废标处理。"

第二十二条："投标人资格条件不符合国家有关规定和招标文件要求的，或者拒不按照要求对投标文件进行澄清、说明或者补正的，评标委员会可以否决其投标。"

第二十三条："评标委员会应当审查每一投标文件是否对招标文件提出的所有实质性要求和条件作出响应。未能在实质上响应的投标，应作废标处理。"

第二十四条："评标委员会应当根据招标文件，审查并逐项列出投标文件的全部投标偏差。投标偏差分为重大偏差和细微偏差。"

第二十五条："下列情况属于重大偏差：（一）没有按照招标文件要求提供投标担保或者所提供的投标担保有瑕疵；（二）投标文件没有投标人授权代表签字和加盖公章；

（三）投标文件载明的招标项目完成期限超过招标文件规定的期限；（四）明显不符合技术规格、技术标准的要求；（五）投标文件载明的货物包装方式、检验标准和方法等不符合招标文件的要求；（六）投标文件附有招标人不能接受的条件；（七）不符合招标文件中规定的其他实质性要求。投标文件有上述情形之一的，为未能对招标文件作出实质性响应，并按本规定第二十三条规定作废标处理。招标文件对重大偏差另有规定的，从其规定。"

第二十六条："细微偏差是指投标文件在实质上响应招标文件要求，但在个别地方存在漏项或者提供了不完整的技术信息和数据等情况，并且补正这些遗漏或者不完整不会对其他投标人造成不公平的结果。细微偏差不影响投标文件的有效性。评标委员会应当书面要求存在细微偏差的投标人在评标结束前予以补正。拒不补正的，在详细评审时可以对细微偏差作不利于该投标人的量化，量化标准应当在招标文件中规定。"

由上可以看出，在推行工程招投标制度的早期，特别是清单计价模式实施以前，从法律法规对评标的规定的角度，可以大体发现评标人清标的主要包含如下内容：

① 投标文件是否完整、总体编排是否有序、文件签署是否合格；

② 投标人资格条件、标人是否提交了投标保证金；

③投标文件中含义不明确、对同类问题表述不一致或者有明显文字和计算错误的内容；

④大写金额和小写金额不一致；

⑤总价金额与单价金额不一致；

⑥ 不同文字文本投标文件的解释发生异议；

⑦投标文件是否对招标文件提出的所有实质性要求和条件作出响应；

⑧ 投标的重大偏差和细微偏差的审查。

但由于清单计价模式实施前，工程中标之后主要签订的是总价合同，单项报价对后期的阶段和发包人控制工程造价并没有决定作用，工程清标也几乎未涉及单价的合理性方面。

（2）清单计价实施后的清标工作。

2003年7月1日《建设工程工程量清单计价规范》正式在全国范围内实施，标志着我国工程造价计价与管理模式由传统的"量价合一"的计划模式向"量价分离"的市场模式转变，工程招投标评标环节也面临重大变革。

清单计价模式实施后，清标环节的工作除了包含清单计价模式实施前的清标工作内容外，还增加了如下工作：

其一，清标项数增加。定额计价模式下，工程评标往往只评总价；清单计价模式实施后，工程评标时不能只评总价，还要评定综合单价、措施项目费、清单项目费、主要材料报价等，因而清标时也增加了清单项目费、措施项目费和数量较大的清单项目费和主要材料报价，清标的工作量加大。

其二，一致性核对工作量加大。清单计价模式实施的是单价合同，评标环节需要认真核对投标人与招标人清单的一致性，判断投标人是否改变招标文件中的暂列金额、暂估价等；判断其与招标人的清单是否一致。

其三，内部数据闭合性工作量加大。清单清标时需审查投标人报价内部数据的闭合性，如单价的汇总是否与合价相等，人工费、材料费、机械费、管理费和利润的和是否等于综合单价，数据闭合性审查的工作量大。

其四，合理性分析工作量大。清单清标需要考虑综合单价、主要材料报价的合理性，要对其进行偏差分析，计算投标人各项报价数据的浮动范围，判断其合理性，这个工作量很大。

由上述分析可以发现，清单商务标评标所增加的数据审查和分析工作非常大，而且非常重要，是整个评标定标工作的初始部分，对投标文件起把关作用，能够保证投标文件能全面响应招标文件的要求。

由于清标工作的存在，减轻了评委在后续过程中的工作量，因此可以说，在当今的国内建设工程招投标过程中，评标过程中的清标环节必不可少，这一步如果做不好，将会给评标和中标后的工作都带来巨大的影响。

四、清单商务标清标

1. 清单商务标清标工作的原则。

清标工作为评标提供基础性的信息，其侧重点在于反映投标文件中的信息，并应遵循如下原则：

（1）客观性原则。清标工作是仅对各投标文件的商务标投标状况作出客观性比较，不得歪曲事实，不能改变各投标文件的实质性内容。

（2）全面性严则。清标工作应当对各投标人投标文件中进行全面的审查，不得断章取义，妨碍对投标文件进行准确全面的分析。

（3）合法性原则。清标工作组同样应当遵守法律、法规、规章等关于评标工作原则、评标保密和回避等国家相关的关于评标委员会的评标的法律规定。清标小组的任何人员均不得行使依法应当由评标委员会成员行使的评审、评判等权力。

2. 清标工作组。

由于清单商务标评标的复杂性，其清标工作应当由专业的清标工作组完成，当然也可以由招标人依法组建的评标委员会进行，招标人也可以另行组建清标工作组负责清标，但无论是由谁来进行清标，清标专家成员一定要有较高的专业素质和信息化清标能力。

清标工作组应该由招标人选派或者邀请熟悉招标工程项目情况和招标投标程序、专业水平和职业素质较高的专业人员组成，招标人也可以委托工程招标代理单位、工程造价咨询单位或者监理单位组织具备相应条件的人员组成清标工作组。清标工作组人员的具体数量应该视工作量的大小确定，一般建议应该在 3 人以上。

3. 清单商务标清标工作的主要内容。

清单商务标清标工作的主要内容包括以下几个方面：

（1）算术性错误的复核与整理；

（2）不平衡报价的分析与整理；

（3）错项、漏项、多项的核查与整理；

（4）综合单价、取费标准合理性分析与整理；

（5）投标报价的合理性和全面性分析与整理；

（6）形成书面的清标情况报告。

其中，重点有以下几项：

（1）对照招标文件，查看投标人的投标文件是否完全响应招标文件；

（2）对工程量大的单价和单价过高于或过低于清标均价的项目要重点查；

（3）对措施费用合价包干的项目单价，要对照施工方案的可行性进行审查；

（4）对工程总价、各项目单价及要素价格的合理性进行分析、测算；

（5）对投标人所采用的报价技巧，要辩证地分析判断其合理性；

（6）在清标过程中要发现清单不严谨的表现所在，妥善处理。

4. 清标工作报告。

清标工作结束后，应该列出清标中所整理的重要信息，形成清标工作报告。清标工作报告一般应包括如下内容：

（1）招标工程项目的范围、内容、规模、标准、特点等具体情况；

（2）招标文件规定的质量、工期及其他主要技术要求、技术标准；

（3）招标文件规定的评标标准和评标方法及在评标过程中需要考虑的相关因素；

（4）投标文件在符合性、响应性和技术方法、技术措施、技术标准等方面存在的所有偏差；

（5）对投标价格进行换算的依据和换算结果；

（6）投标文件中存在的含义不明确、对同类问题表述不一致或者有明显文字错误的情形；

（7）投标文件算术计算错误的修正方法、修正标准和建议的修正结果；

（8）在列出的所有偏差中，建议作为重大偏差的情形和相关依据；

（9）在列出的所有偏差中，建议作为细微偏差的情形和进行相应补正所依据的方法、标准；

（10）列出投标价格过高或者过低的清单项目的序号、项目编码、项目名称、项目特征、工程内容、与招标文件规定的标准之间存在的偏差幅度和产生偏差的技术、经济等方面原因的摘录；

（11）需要提请评标委员会对上述第（5）、（8）项进行确认，对上述第（6）、（7）、（9）、（10）项向投标人进行澄清、说明或者补正的建议；

（12）其他在清标过程中发现的，要提请评标委员会讨论、决定的投标文件中的问题。

五、当前清标工作中存在的问题及建议

1. 当前清标工作中存在的问题。

目前，清标工作在实际操作中暴露出的问题主要有：

（1）对清标工作不够重视。

由于清单商务标评标的复杂性，清标已经成为评标环节的一个不可逾越的阶段，但仍有不少地区和单位在评标的过程中不重视清标工作，这严重影响了工程评标的质量。

（2）缺乏专业人员，清标深度不够。

清标需要专业的人员，要么是工程造价咨询机构的专家，要么是清标软件公司的专业人员，或者是评标专家，这些人需要对工程造价熟悉，同时具备较强的计算机操作能力，而实际评标过程中，这样的专业人员十分缺乏。甚至有些工程的评标专家对清标工作根本不熟悉，这往往导致清标工作只限于进行简单计算错误审查，未能进行更深入的分析，影响清标的深度。

（3）清标工作流程不清。

清标工作的重要性被人们逐渐认识后，工程量清单招投标的基本流程变为：开标、清标、评标、定标。但是实际在操作时，部分专家对此流程不清晰，把清标当形式，甚至忽略清标工作，直接进行评标，部分专家甚至忽略项目特征进行评标，造成严重的后果。

（4）清标效率不高。

以目前清单商务标清标的发展趋势来看，清标中需要评审的项目越来越细，仅仅依靠人力手工进行审查工作，工作量巨大且烦琐，而且一般评标的时间较短，只有大型工程的评标时间会稍长些，在这么短的时间内完成这么巨大的清标审查的工作量，几乎难以实现。很多地区尝试使用电子辅助评标系统，这极大地提高了清标的速度和质量，但是由于辅助评标系统不够成熟，在公共数据接口共享、数据分析等方面亟待提高。

2. 做好清标工作的建议。

如何进行高效合理的完成审查项目数据巨大的清标工作是工程招投标领域亟待解决的问题，根据多年的清单招投标评标工作经验，对做好清标工作建议如下：

（1）重视清标工作。

由于清标工作的重要基础信息地位，首先招标人要重视清标工作，尽可能成立清标专家组，聘请专业人员进行清标工作。各级地方相关管理部分，要积极宣传清标工作的重要性，形成重视清标的行业氛围。

（2）理顺评标工作流程。

政府及行业主管部门从法规、规章的高度对评标工作程序予以规范化，对工程量清单招标的工程，必须履行先清标，后评标。

要求工程评标前形成临时性清标工作小组，实行组长负责制，小组全体成员认真完成清标工作的基础上形成清标工作报告，清标工作小组为清标报告的真实性、客观性负责，评标委员会全体评标专家承担连带责任，并且实行工程实施期间全过程负责制，以保证清标工作的规范性和有效性。

（3）吸引优秀专家介入清标工作。

由于清标工作不带有倾向性，只提供专业的基础信息服务，因此可以将清标工作推向工程咨询领域，也可以邀请相应软件公司的专业人员介入，以行业化来促进其专业化，吸引更多的专业人才进入该领域。改变当前由临时性的评标专家控制清标工作的局面，建立一支健康稳定的清标专家队伍。

（4）加快信息化建设，提高清标工作效率。

由于清标的数据分析和处理具有一定的模式化特点，大量的基础定量分析工作可以交给计算机来实现。当前，有很多专家和部分软件公司都在寻求利用信息化技术来解决清标问题。

计算机软件主要解决大量的定量计算和比较、核对、判断工作，剩下少量的却很重要的定性分析的工作交给评标委员会，这样他们就能集中时间和精力来解决关键性问题，避免了评标专家在短时间内应付大量烦琐枯燥的重复性操作，从而降低了可能出错的概率，提高了效率，又保证了质量。

六、计算机辅助清标

清单计价模式下，清标工作中难度最大，也最容易出现问题的主要是对商务标的审查。商务标主要是规范化的数据信息，商务标清标的大量工作主要是定量计算分析和对比判断，因此这些定量工作比较适合交给计算机来完成，既保证速度、提高效率，又可以极大减少人为因素的影响。

1. 计算机辅助清标的主要内容。

计算机辅助清标应该充分发挥计算机定量分析处理的长处，因而其清标内容主要包括如下部分：

（1）符合性审查。将投标文件与招标文件进行对比，判断其是否更改工程量清单。

（2）闭合性审查。审查投标文件有无计算错误，内部数据是否闭合。

（3）合理性分析。审查各项取费的合理性。

（4）一致性审查。审查规格类型相同的材料在不同单项中报价是否一致，是否存在"同料不同价"的问题。

（5）偏差分析。对工程量大的单价和单价过高于或过低的项目进行重点审查，分析判断其偏差范围，并统计范围之外的项数。

此外，计算机辅助清标系统，还应能够进行数据抽项，为评标评分计算选择基础数据的功能。

2. 计算机辅助清标的流程。

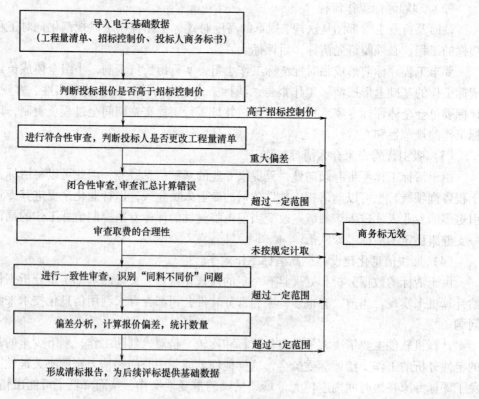

计算机辅助清标流程图

计算机辅助清标能够很好地发挥计算机在定量规范化对比判断、分析计算等方面的查询和计算优势，解放评标专家的劳动，这样评标专家能够集中精力进行定性的分析和判断，避免评标专家在较短的时间内应付大量较低专业技术性重复性操作，从而降低了出错的可能性，提高了数据分析和相应速度，保证质量的同时充分提高了评标的效率，也充分发挥了专家的特长。

同时，计算机辅助清标评标系统的运用，能够形成工程造价信息数据收集、使用、更新的良性循环，提高了整个行业的现代化水平和相关部门的管理效率。

2014 年 3 月，结合国家标准《建设工程工程量清单计价规范》（GB 50500—2013）在我省的贯彻实施，河南省住房和城乡建设厅"关于印发建设工程工程量清单招标评标办法的通知"（豫建〔2014〕36 号）中明确规定，采用工程量清单招标的工程项目开标后，必须先清标，之后再进行商务标评审。清标的内容严格按照 13 计价规范要求：项目总报价、各单项工程报价、单位工程报价、清单项目费综合单价与合价必须前后对应，尤其对综合单价的报价要求，文中清标内容明确规定：投标报价的综合单价和招标控制价相应的综合单价相比，误差超过 ±12% 的视为废标。通过我们的实践证明，该办法不但规范了投标人的计价行为，对遏制围标串标、防止恶性不平衡报价带来后期经济纠纷起到了积极的预防作用。我们坚信，只要正确采用计算机辅助评标技术，按照 ×建〔2014〕36 号文的要求评标，坚持商务标的"先清标再评标"的原则，我省的建设项目工程量清单计价招投标一定会向规范化方向发展。

第三节　商务标主要条款

清单计价在我省实施已达 10 年之久，但从 ××市实施的实际情况来看，目前清单计价模式的实施仅停留在招标文件和工程量清单的编制方面。主要表现在招标控制价和投标报价的编制是依据现行定额，而合同价的确定、施工过程的工程计量、拨款、变更、索赔等远远脱离了清单计价要求，至于竣工结算更是与清单计价无缘。其根本原因是政府投资的资金不到位，不可能按清单计价要求及合同约定拨款，加上招标文件的编制不规范、签订施工合同走形式，主要为了办理施工手续用，这就出现了同一项目的不同阶段采用定额计价与清单计价两种不同的计价模式，由此产生的经济纠纷接连不断。

我们认为，采用清单计价招标的项目，要减少实施阶段的造价纠纷，招标阶段非常重要，必须细化招标文件与价有关的条款，不仅仅只有原则性要求，更重要的是使之具有可操作性是非常关键的，实际上也是住建部令第 16 号《办法》要求的对建筑工程项目实行全过程造价管理（咨询）的主要环节。下面以 ××市 ××建设项目的招标为例，详细阐明招标文件中必须明确与商务标有关的事项：

一、工程量清单的编制依据

招标人依据《建设工程工程量清单计价规范》（GB 50500—2013）、2013 年计量规范、《××省建设工程工程量清单综合单价》（2008）、《××省建设工程工程量清单计价实施细则（试行）》、河南省建设厅关于贯彻 2013 年清单计价规范有关问题的通知（×建设标〔2014〕28 号、29 号）文件、施工图纸、发包范围、招标答疑及招标人要求的其他事项编制工程量清单。

二、招标控制价的编制依据

招标控制价是招标人控制招标工程造价的最高限价，招标控制价依据工程量清单、施工图纸、现行的《××省建设工程工程量清单综合单价》（2008）及其计价办法、××省建设厅关于贯彻2013清单计价规范有关问题的通知（×建设标〔2014〕29号）文件、××市工程造价管理机构印发的××年第××期材料价格信息编制，信息中没有的材料价格按市场调查价格编制。

其中安全文明施工措施费，不计入措施项目报价，中标后由造价管理部门按规定足额计算，列入合同价。

规费和税金：规费（包括工程排污费、社会保障费、住房公积金）不列入报价，中标后由工程造价管理机构统一核算，列入合同价，其中社会保障费由建设单位直接向市建设劳保办缴纳，市建设劳保办再按规定返还中标企业；税金应按有关规定足额计算。

三、招标控制价的公布

根据《××省建设工程工程量清单招标控制价管理规定》（×建设标〔2010〕24号）规定，本次招标控制价在开标之日7天前公布，且不只是公布一个总价。公布的内容应包括总价；各专业造价；各分部分项的单价和合价；主要材料价格；各种措施费的单价与合价；各项其他项目费、规费、税金、风险费用及相应内容、幅度和计算说明。公布的形式是纸质文档、电子文档同时公布，且电子文档必须符合××省工程建设标准《建设工程造价软件数据交换标准》（DBJ 41/T087—2008）要求。

四、投标报价应注意事项

1. 本工程采用工程量清单计价方式招标。

清单总报价为工程量清单项目费、措施项目费（不含安全文明施工措施费）、其他项目费和税金的总和。报价时，投标人应按要求填写投标书的内容，如因漏项或填写错误而造成的损失均由投标人承担，招标人不予调整。

2. 工程量清单总报价：

工程量清单总报价 = ∑各单项工程报价

单项工程报价 = ∑各单位工程报价

单位工程报价 = 工程量清单项目费 + 措施项目费 + 其他项目费 + 税金

工程量清单报价与以往预算定额报价的区别：预算定额报价是按预算定额及相应的规定先计算出造价，这个价格再让利即为报价，因此预算价与报价是不相等的；而按工程量清单报价，让利是在每项清单单价中，最后的合价即为报价，这个价格是不能再让利的，所以预算价与报价是相等的。

3. 清单项目费报价合计。

投标人以清单工程量为基础，结合本企业定额（或参照建设行政主管部门颁发的定额）、市场价格确定综合单价及投标报价。报价时，应按清单所列出的工程项目和工程量填报单价和合价；投标人必须保证清单项目费报价合计 = ∑清单工程量×所报综合单价，否则，将视为不响应招标文件要求；每一个清单项目只允许有一个报价，任何有选择的报价将不被接受。投标人未填单价或合价的工程项目，在实施后，招标人将不予支付，并视为该清单项目费用已包括在其他实体清单项目价款的单价和合价之内。

4. 综合单价报价。

招标人下发的工程量清单，投标人不得做任何修改，并以企业定额或参照省级建设行政主管部门颁发的现行计价定额进行报价。凡涉及招标人拟供或暂估价的材料，不得让利，其价格必须包括在所填报的综合单价报价之中。

除非合同中另有约定，投标人所报的工程量清单中的综合单价和合价，均包括完成该清单项目的成本、利润、风险费等。

5. 措施项目费报价。

单价措施费报价：包括脚手架、模板使用费、建筑物超高施工增加费、垂直运输机械费、大型机械进出场费、施工降水及排水费等，与实体项目一样，采用综合单价报价方法，投标人应结合现场的施工条件，自行制定先进可靠的施工技术方案，以企业定额或参照省级建设行政主管部门颁发的现行计价定额及计价办法，结合市场价格自主报价。

总价措施费报价：包括材料二次搬运费、冬雨季施工增加费、夜间施工增加费、已完工程保护费等，投标人应根据清单中列出的项目清单，结合掌握的工程概况、现场条件、自身实力、市场行情等，在保证施工安全的情况下，采用总价让利的方法自主报价。但千万不能大幅度降价，如果个别投标人为了达到中标的目的，该项报价为零，则此项不计分。

安全文明施工措施费：按 2013 年计价规范及省级现行清单计价招投标管理办法规定，不参与商务标评审，招标控制价及投标报价均不得含该项内容。所以此项不计入措施项目报价，中标后由造价管理部门按规定足额计算，列入合同价。

6. 其他项目费报价。

其他项目费包括暂列金额、暂估价、总承包服务费与计日工。投标人根据招标人下发的工程量清单中的具体内容进行报价。

关于暂列金额、暂估价：属于其他项目清单中招标人部分，是由招标人掌握和暂定的款项，投标人应按照招标人下发的工程量清单中给出的具体金额或单价直接填入报价，是不能让利的。所以，评标时暂列金额不能作为总价让利基数参与评标，材料与设备暂估价虽已进入综合单价，也不能作为该综合单价的让利基数参与评标。

总承包服务费与计日工，属于其他项目清单中投标人部分，投标人可根据清单中的具体内容自主报价，但绝对不能修改计日工的数量。

7. 规费和税金。

规费包括工程排污费、住房公积金、社会保障费（养老保险、医疗保险、失业保险、工伤保险和生育保险费）不参与商务标评审，投标人不得列入报价，中标后由工程造价管理机构统一核算，列入合同价，其中社会保障费由建设单位直接向市建设劳保办缴纳，市建设劳保办再按规定返还中标企业；税金应按有关规定足额计算。

8. 材料价格报价。

招标人拟供的材料与暂估价材料，投标人直接按照工程量清单中给出的价格计入综合单价，不得让利。

投标人中标后自购的材料，应结合招标控制价公布的材料价格、市场行情及自身实力自主询价报价，并根据不同的材料注明能承担的风险比例。如果未能注明承担的风险比例，中标后则按 2013 年清单计价规范规定及 2013 年施工合同示范文本要求的风险比例签订施工合同。

投标人填报的主要材料价格，对于同一种材料而言，综合单价中的材料价格与清单主要材料价格表中的价格必须保持一致。在评标过程中，一旦发现有某种材料不一致时，该项按零分处理。

9. 该工程采用单价合同。

中标后的综合单价即为结算单价（设计变更、现场签证、清单工程量误差超过 15% 的除外）；因变更所发生的清单缺项子目，如原清单中有类似的，可参考类似单价，无类似项目的，双方在签订施工合同时另行约定。

由于招标人承担量的风险，所以竣工结算的工程量是以投标人实际完成的工程量（必须符合 2013 年计价规范、2013 年计量规范及我省计价定额规定的计算规则）为准，但为了减少结算时的造价纠纷，招标人提供的分部分项工程量清单中所列的工程量与实际完成量不符时：误差在 ±3% 以内时，量、价均不调整；误差大于 ±3% ～ ±15% 时，按《河南省建设工程工程量清单计价实施细则（试行）》第三十九条规定：工程量清单的工程数量有误或由于设计变更引起工程量增减，除合同另有约定外，增减幅度在 15% 及其以内的，按原综合单价结算。增减幅度在 15% 以外的，应允许调整原综合单价，具体调整方法应在签订合同时明确。工程量变化引起措施费、规费、税金变化的，也应随之调整。

10. 关于计价风险。

招标人编制的招标控制价中，已按清单项目费合价的 3% 计算了风险系数，其风险范围包括：3% 以内的清单工程量误差、5% 以内的市场材料价格波动、10% 以内的机械使用费价格波动、10% 以内的人工费单价政策性调整、零星用工、农忙及节假日（中秋节、春节）"用工荒"市场人工费的增长、政府或相关管理部门检查等增加的费用。

五、清标的步骤及具体内容

本项目采用计算机辅助评标，为了规范投标人的报价计价行为，依据 2014 年 3 月《河南省住房和城乡建设厅关于印发建设工程工程量清单招标评标办法的通知》（豫建〔2014〕36 号）中有关规定，评标委员会的组成人员中应有两名注册造价工程师资格的评委，并由评标软件专业研发人员协助，在评标前先对商务标进行清标。

（1）开标后，由评标委员会对投标文件进行基础性数据分析和整理（清标），按照住房和城乡建设部《标准施工招标文件》A2.5 要求或豫建〔2014〕36 号为中附件《商务标清标内容》，形成清标成果。

（2）评标委员会在评标过程中，发生下列情况之一者，按废标处理：

①未按招标文件、2013 年计价规范及我省计价定额规定编制各项报价的；

②投标总报价与其组成部分、工程量清单项目费合价与综合单价、综合单价与人材机用量相互矛盾，致使评标委员会无法正常评审判定的；

③规费和税金、安全文明施工措施费违背工程造价管理规定的；

④分部分项工程项目清单、单价措施项目清单报价中的项目编码、项目名称、项目特

征、计量单位和工程量与招标文件的清单不一致的；

⑤总价措施费报价低于招标控制价30%的；

⑥未按照招标文件、2013年计价规范要求编制暂列金额或者暂估价投标报价的；

⑦未按照招标文件、2013年计价规范要求编制总承包服务费投标报价的；

⑧住房和城乡建设部《标准施工招标文件》规定的废标条件。

商务标清标内容

序号		清 标 项 目	清 标 内 容	清标结果	
				是	否
1	1.1	项目总报价（不含安全文明费与规费）	是否等于各单项工程造价之和		
	1.2	单项工程费（不含安全文明费与规费）	是否等于各单位工程造价之和		
	1.3	单位工程费（不含安全文明费与规费）	是否等于分部分项工程费＋措施项目费＋其他项目费＋规费＋税金之和		
2	2.1	分部分项工程费及单价措施费合价	是否等于各分部分项清单费之和		
	2.2	分部分项及单价措施项目编码	不得修改招标人清单		
	2.3	分部分项及单价措施项目名称	不得修改招标人清单		
	2.4	分部分项及单价措施项目特征	不得修改招标人清单		
	2.5	分部分项及单价措施项目计量单位	不得修改招标人清单		
	2.6	分部分项及单价措施项目工程数量	不得修改招标人清单		
	2.7	分部分项工程费及单价措施费清单单价	综合单价＝人工费＋材料费＋机械费＋管理费＋利润之和；偏差不大于招标控制价相应项目单价的±12%		
	2.8	材料单价	材料表中的单价与组成清单单价中的单价必须一致		
3	3.1	安全文明费	必须按河南省计价依据规定计算		
	3.2	总价措施项目	根据招标文件要求自主报价		
4	4.1	其他项目费	必须等于各组成部分之和（暂列金额＋专业暂估价＋计日工费＋总承包服务费）		
	4.2	暂列金额	必须与招标人价格一致		
	4.3	专业暂估价	必须与招标人价格一致		
	4.4	计日工	必须与招标人数量一致		
	4.5	总承包服务费	是否按招标文件要求计算		
5		规费	必须按河南省计价依据规定计算		
6		税金	必须按河南省计价依据规定计算		
7			不违反法律、法规、规章、规范性文件规定的其他情况		

六、评标办法

本工程采用综合计分法评标，评标委员会应从技术标、商务标、综合（信用）标三个方面进行评标。

综合计分法是指评标委员会根据招标文件要求，对其技术标、商务标、综合（信用）标三部分进行综合评审。技术标的权重占30%，商务标的权重占60%，综合（信用）标的权重占10%。其主要内容和参考分值如下：

1. 技术标的评标分值：30分（评分办法略）

2. 商务标的评标分值：60分

规费、税金、安全文明施工措施费属于不可竞争费用，应按××省现行的计价依据及其计价办法的规定单列，不参与商务标评审。

1）投标总报价的评审20分

① 工程量清单总报价评标基准价按下列公式确定：

$$评标基准价 = 招标控制价 \times K + 投标总报价 \times （1 - K）$$

其中：招标控制价不含不可竞争费、暂列金额、暂估价

投标总报价为各投标人有效投标总报价（不含不可竞争费，暂列金额、暂估价下同），去掉一个最高和一个最低报价后的算术平均值。当有效投标少于5家时（不含5家），则以所有有效投标总报价的算术平均值作为投标总报价。

K 为招标控制价权重系数，$0.1 \leqslant K \leqslant 0.5$，在开标现场随机抽取。

②投标报价与评标基准价相等得基本分15分。当投标报价低于评标基准价时，每低1%在基本分15分的基础上加1分，最多加5分；当投标报价低于评标基准价5%以上（不含5%）时，每再低1%在满分20分的基础上扣2分，扣完为止；当投标报价高于评标基准价时，每高1%在基本分15分的基础上扣1.5分，扣完为止。

2）分部分项工程量清单及单价措施项目清单综合单价的评审30分

评标基准价：以各有效投标人的清单项目综合单价，去掉一个最高和一个最低后的算术平均值作为评标基准价。当有效投标人少于5家（不含5家）时，全部算术平均值作为评标基准价。

分部分项工程量清单项目及单价措施项目清单综合单价全部参评，在评标基准价90%～105%范围内的综合单价的得分：以该项清单项目合价平均值占全部清单项目费合价基准值的比重×30来确定，即每项得分 = （该项清单项目合价均值/清单项目费合价基准值）×30；超出该范围的项不得分。

注：对于某项清单综合单价来说，只要投标人的报价在评标基准价90%～105%范围内，得分都一样，避免或减少围标、串标的发生

3）总价措施项目的评审5分

措施项目基准值 = 各投标人所报措施项目费（当有效投标人5名及以上时，去掉1个最高、1个最低值）的算术平均值。投标所报措施费与措施项目基准值相等得基本分3分。当投标报价低于措施项目基准值时，每低1%在基本分3分的基础上加0.2分；当投标报价低于措施项目基准值10%～15%（含15%）时，为5分；当投标报价低于措施项目基准值15%（不含15%）时，每低1%在满分5分的基础上扣0.4分，扣完为止；当高

于措施项目基准值时，每高于1%时，在基本分3分的基础上扣0.2分，扣完为止。

当该项报价低于招标控制价30%时，根据前款"清标"的规定，按废标处理。

4）主要材料单价的评审5分

主要材料项目单价选择10项材料，材料的单价以各有效投标报价（当有效投标人5名及以上时，去掉1个最高、1个最低值）材料单价的算术平均值作为材料基准值。在材料基准值95%～103%范围内（不含95%和103%）每项得0.5分，在材料基准值90%～95%范围内（含90%和95%）每项得0.3分。超出该范围的不得分。

当发现主要材料价格表中的单价与综合单价分析表中的材料单价不一致时，根据前款"清标"的规定，按废标处理

3. 综合（信用）标的评标分值10分（评分办法略）

投标人最终综合得分＝技术标得分＋商务标得分＋综合（信用）标得分。

第三章　工程量清单编制

一、招标工程量清单作用

招标人或委托的造价咨询机构编制的工程量清单是否规范与准确，将直接影响招标阶段、施工合同的签订、施工阶段进度结算、竣工结算是否能顺利进行。因此，招标人必须对招标工程量清单的作用和重要性做到心中有数。

2013 年清单计价规范第 4.1.2 条　招标工程量清单必须作为招标文件的组成部分，其准确性和完整性应由招标人负责。第 4.1.3 条　招标工程量清单是工程量清单计价的基础，应作为编制招标控制价、投标报价、计算或调整工程量、索赔等的依据之一。

为了推行清单计价方式，加强行业的自律管理，规范工程造价咨询成果文件的格式、工作深度和质量标准，中国建设工程造价管理协会于 2011 年发布《建设工程招标控制价编制规程》（CECA/GC 6—2011）（以下简称协会标准六）、2012 年发布《建设工程造价咨询成果文件质量标准》（CECA/GC 7—2012）（以下简称协会标准七）两个协会标准。这两个协会标准比计价规范对造价咨询的质量要求更具体、严格。

从××市工程量清单计价实施十多年的情况看，总体比较好，但执行过程中仍存在很多问题。因此就工程量清单编制中出现的问题及应注意事项，依据 2013 年计价规范和两个协会标准要求，结合我们具体的实施情况，在以下的阐述中将提出具体意见和处理方法。

二、招标工程量清单编制

（一）　准备工作

工程量清单是建设工程招标文件的组成部分，应包括由投标人完成工程施工的全部项目，是各投标人投标报价的基础。工程量清单是签订合同、调整工程量、支付工程进度款和竣工结算的依据。

招标人编制建设工程工程量清单的主要依据是设计施工图文件，有关施工及验收规范，工程量清单计价规范，招标文件及拟采用的施工方案等数据资料。熟悉和掌握这些依据是编制好工程量清单的充分必要条件。

1. 熟悉施工图纸和有关资料。

施工图纸及其说明是计算工程量、编制工程量清单的基本依据。阅读图纸，掌握工程全貌，有利于正确划分工程（子）项目；熟悉工程内容和各部位尺寸，有利于准确计算工程量。一般来说，熟悉图纸包括如下几方面工作：

（1）首先是在委托人面前清点图纸，主要是图纸内容、共多少张，并向委托人打收到条；之后回到自己单位将图纸按目录顺序及内容编排，装订成册，如发现遗漏图纸或缺少内容，应即时与委托人沟通。

（2）阅读审核图纸。仔细阅读施工图纸及其说明时应注意：

①看图时应细致、耐心，把图纸上有关资料和数字相互进行核对，发现问题应立即与委托人联系解决。

②看图时不要随意修改图纸，如对图纸有修改意见或其他合理化建议必须向委托人提出，若委托人采纳，由委托人与设计单位、投资管理部门沟通办理签证手续。

③看图时应从粗到细，从大到小，先粗看一遍，了解工程的概貌；然后再细看，细看时按总平面图—总纵断面图—平面图—立面图—剖面图—基本图—标准图联合起来看，然后再细看结构图，使之有一个完整的主体概念，便于计算工程量。

（3）掌握交底、会审资料。在熟悉图纸后，参加由建设单位主持、设计单位参加的图纸交底会审会议，了解会审记录的有关内容。

（4）熟悉了解已经批准的招标文件，包括工程招标范围、内容、技术质量和工期的要求等。

（5）查阅地质资料图、地形测量图、钢筋结构图和有关局部构造或构配件的标准图样。

2. 踏勘施工的现场，全面掌握施工现场情况。

为了编制出符合施工实施情况的工程量清单，必须全面掌握施工现场情况。通过对施工现场的踏勘，全面掌握施工现场的第一手资料，如周围环境，电、水源的地理位置，交通状况，现场是否狭小，挖出土方的运距，施工便道等，使其作为计算工程量编制工程量清单的依据。

3. 查找、应用建设工程工程量清单的相关定额。

尽管工程量清单是依据 2013 年计价规范编制的，但各地现行的计价定额也是编制工程量清单及工程量清单计价的主要依据，编制时应尽量查找、应用与拟建工程项目相关的现行计价定额，以作为编制工程量清单计价的重要参考依据。

4. 收集有关补充文件和资料。

随着建设领域新材料、新技术、新工艺的出现，对《建设工程工程量清单计价规范》（GB 50500—2013）中缺少的项目，要进行补充，相应的消耗量定额也要作必要的修改、调整和补充。

另外，应收集准备足够的其他基础资料，包括常用的施工组织设计和施工技术措施方案，市场价格信息，政府部门发布的各项工程造价管理文件等。

（二）　编制工程量清单的具体步骤

1. 熟悉图纸、招标文件、工程情况并了解招标人要求。

2. 分部分项工程量清单编制。

（1）确定所计算的分部分项工程的项目名称与特征（根据图纸、2013 年计量规范、计价定额、拟建工程实际确定）。

（2）根据项目名称、特征查找 2013 年计量规范与之相对应的项目编码，并补充填写后三位。

（3）确定对应项目名称及编码的计量单位（要求：有选择计量单位时，尽量采用与计价定额一致的单位，以便于计价）。

（4）工程量计算。严格按照 2013 年计量规范规定的计算规则计算工程量（要求：清单工程量力求准确）。

（5）填制分部分项工程量清单与计价表（要求：严格按2013年计价规范所列表格填写）。

以上步骤可借助计价软件实现，完成后将分部分项工程量清单导入所需下发的电子文档内。

3. 措施项目清单编制。根据拟招标工程的情况编制并填写措施项目清单与计价表（要求：力求全面，尽量把拟建工程可能发生的措施项目列全）。

4. 其他项目清单编制。依据招标人要求、结合工程实际编制并写其他项目清单与计价表（强调招标人部分投标人不得修改）。

5. 填写规费、税金项目清单与计价表（要求：填写计算基数和比例）。

6. 根据拟招标工程情况，招标人要填写"发包人提供材料和工程设备一栏表"。

7. 招标人还要填写"承包人提供主要材料和工程设备一栏表"，其中的"投标单价"与"风险系数"由投标人报价时填写。

8. 填写清单编制总说明。要求：描述工程概况、招标范围、工期、质量、装订等要求，列清楚影响造价的因素，要与招标文件相对应，与分部分项工程量清单名称、措施项目、其他项目清单相对应。清单编制依据以及其他问题等内容。

9. 列出投标人报价的计价格式。为规范投标报价行为，招标人除编制工程量清单外，一定要根据招标文件要求、评分办法、并结合拟建工程情况，填列投标报价的工程量清单计价格式。

以上3~9项中所有表格中内容较少，平时可预先制作定型格式，每次只做局部修改即可。

10. 填写封面，并按招标文件要求装订，最终形成完整的工程量清单文件（包括投标报价的计价格式），签字盖章，并形成电子文档，一并下发各投标企业。

（三）工程量清单编制

1. 编制依据。

2013年清单计价规范第4.1.5条 编制招标工程量清单应依据：

①本规范和相关工程的国家计量规范；

②国家或省级、行业建设主管部门颁发的计价定额和办法；

③建设工程设计文件及相关资料；

④与建设工程有关的标准、规范、技术资料；

⑤拟定的招标文件；

⑥施工现场情况、地勘水文资料、工程特点及常规施工方案；

⑦其他相关资料。

2. 编制方法及内容。

2013年计价规范第2.0.2条 招标工程量清单是招标人依据国家标准、招标文件、设计文件以及施工现场实际情况编制的，随招标文件发布供投标报价的工程量清单，包括其说明和表格。按照协会标准七的第7.1.4条规定，工程量清单的成果文件相关表式应按照13计价规范规定格式，以单位（项）工程为单位进行编制，内容应由分部分项工程项目清单、措施项目清单、其他项目清单、规费和税金项目清单组成，包括相应的说明和表格（包括投标计价格式），并随招标文件同时下发。

招标工程量清单表格包括：封面、扉页、总说明、分部分项工程和措施项目清单与计价表、总价措施项目清单与计价表、其他项目清单与计价汇总表、暂列金额明细表、材料（工程设备）暂估单价表、专业工程暂估价表、计日工表、总承包服务费计价表、规费和税金项目计价表、发包人提供材料和工程设备一览表、承包人提供材料和工程设备一览表及投标人计价格式。

（1）封面。必须填写工程名称、招标人、造价咨询人和编制日期。按行业标准七第7.1.2条规定应加盖招标人公章，并应加盖工程造价咨询企业执业印章。详见招标工程量清单。

（2）扉页。与封面相同的，按封面要求填写。比封面增加部分，在造价咨询人处应加盖工程造价咨询企业执业印章，招标人和造价咨询人的法定代表人或其委托人应由相应人员签字或盖章。详见招标工程量清单。

为保证工程量清单的编制质量，协会标准七第3.3.2条规定：工程造价咨询企业出具的各类成果文件应由编制人编制，并由审核人、审定人进行二级审核。工程造价咨询成果文件的编制人、审核人应具有注册造价工程师执业资格或造价员从业资格，工程造价咨询成果文件的审定人应具有注册造价工程师执业资格。工程造价咨询成果文件的编制人、审核人、审定人应在工程造价咨询成果文件上签署执业（或从业）资质专用印章。按照此条要求，在本扉页中增加审核人栏，由审核人签字并加盖专业印章。复核人栏可修改为审定人并由审定人签字并加盖专业印章。

（3）目录。若一个标段的招标标段中有多个单项工程时，为便于查看翻阅，在扉页后增加目录页，以单项工程（单位工程）为排列顺序为宜。详见招标工程量清单目录。

（4）总说明。2013年计价规范第16.0.3条第3款，总说明应按下列内容填写：

1）工程概况：建设规模、工程特征、计划工期、施工现场实际情况、自然地理条件、环境保护要求等。

2）工程招标和专业发包范围。

3）工程量清单编制依据。

4）工程质量、材料、施工等特殊要求。

5）其他需要说明的问题。

4.1　工程概况

建设规模与特征一般指建筑物的面积、高度、结构形式、层数及层高、装修标等内容等内容。建筑面积是计算造价指标的基础数据，是计算可计量措施费的依据。如建筑工程的建筑面积不但是计算垂运费、超高施工增加费的依据，还是计算脚手架费用的依据，因此工程概况中一定要写明建筑物的建设规模与特征。

工程概况中要特别注重层数及层高的描述，因它直接影响到混凝土模板支撑措施。建筑物混凝土模板支撑虽然是措施项目，但计量规范要求应表述混凝土柱、梁、墙、板的高度，用来区别混凝土柱、梁、墙、板的支撑是否超高。每层混凝土柱、梁、墙、板的高度表述，即不好用标高表述，用高度又显累赘重复。建议在工程概况中表述每层层高，在招标工程量清单项目特征中引用"第几层"来区别混凝土柱、梁、墙、板的高度或部位，这样处理既方便招标工程量清单的编制，又方便招投标阶段的计价，还方便于施工过程的计量、进度结算和最后竣工结算的处理。

计划工期一般指招标时招标人拟定的施工工期，是招标人期望的工期，是影响报价的主要因素。为让投标人准确报价并减少工程实施期间的索赔，招标人应参照国家工期定额和以往同类工程的实际工期确定，并不是工期越短越好，它与质量、造价直接相关。编制工程量清单时，计划工期应按业主（招标人）要求填写具体日历天数，或标注"见招标文件规定工期"的字样。

施工现场实际情况、自然地理条件、环境保护要求，是指施工场地的大小（挖出的土方现场附近有无堆放地点，施工材料是否需二次倒运才能到达现场）、土质坚硬程度和地下正常水位（影响土方施工措施和坑底降水措施），工程所处的位置和交通条件，若在已建医院内施工对噪音的限制等对正常施工有影响的因素，会对施工措施、工期产生不小的影响，最终影响的是竣工结算价格。这些对施工、造价有影响的因素一定要在总说明中表述清楚，以方便投标人合理确定报价。

4.2 工程招标和专业发包范围

结合业主（招标人）意见，明确招标范围中的具体专业内容。总说明中慎用"施工图全部内容"的字样，因工程招标时的施工图可能与实际施工所采用图纸有很大差异或变化，特别是精装修、网络监控等部分都需要再次深化或二次设计，还有的内容（如外墙石材幕墙、玻璃幕墙、铝板幕墙等）仅有效果图，且价格也不好确定。由于"三边"工程的存在，个别项目招标时的图纸与实际施工的图纸根本就是两回事，所以建议在填写总说明时不但填写工程招标和专业发包范围，还要标注招标工程量清单编制所采用图纸的设计单位、设计时间、施工图设计的所有专业。

施工图有未招标的专业工程，具体施工时存在与招标专业的交叉作业，相互影响施工，最终影响造价。因此，在总说明中不但要表明本次招标的专业工程内容，还要注明未招标的专业工程内容和是否需要总承包配合。

4.3 招标工程量清单编制依据

主要是施工图设计文件、招标文件、招标范围、答疑、施工现场情况、地勘水文资料、工程特点及常规施工方案，特别要注明采用的2013年清单计价规范、2013年清单计量规范以及省级建设主管部门颁发的计价定额、计价办法的具体名称。

4.4 工程质量、材料、施工等特殊要求

施工项目中对质量、材料、施工工艺有特殊要求的，且超出正常施工条件才能满足要求的应加以标注说明，便于投标人合理考虑报价。

4.5 其他需要说明问题

招标人特除要求的说明　即招标工程量清单编制人对招标人的特殊要求怎么处理的均应在此写明。如外墙装饰材料的品种、质量及材质的要求，暂列金额的数量、用途和使用位置，专业暂估价包括内容和金额，总承包服务费所涉及的专业等内容均应表述。

对项目特征值的计量单位的表述　项目特征值大部分是用数据表示，数据的计量单位应统一。以建筑工程为例，施工图中标注标高以"米"为单位，其他长度、厚度等以"毫米"为单位，在编制招标工程量清单时应避免项目特征值的前后矛盾，引用施工图中的计量单位，或在项目特征中标注计量单位，以规范招标工程量清单编制人的操作行为。

对图纸问题的表述　工程量清单编制过程中，发现施工图有问题或图纸前后矛盾，应由招标人与设计单位沟通，修改图纸或明确处理办法，并在总说明中对施工图中存在问题

的处理方法加以表述，以方便工程计价和施工期间的管理。

对清单编制人要求 为了评标的顺利进行、方便在实施阶段、结算阶段的造价管理，在下发招标工程量清单的同时必须下发投标计价格式，还要下发与之对应的电子文档。因此，总说明还应表述投标人应提供的投标电子文档格式。

对投标人报价要求 为规范投标人计价行为，总说明内容还应注明填表须知，内容如下：不得出现二次让利，即计算价格就是投标价格；安全文明施工费、规费、税金应按国家或省、市建设行政主管部门的规定计算，不得作为竞争性费用；投标人填写的"项目编码"、"项目名称"、"项目特征"、"计量单位"、"工程量"必须与招标人提供的一致；投标人填写的"暂列金额明细表"、"专业工程暂估价表"应必须与招标人提供的一致；投标人填写计日工价表中的"单位"、"暂定数量"应必须与招标人提供的一致；投标人填写总承包服务费计价表中的"项目价值"应必须与招标人提供的一致。还应表述清楚暂列金额、专业暂估价计入部位，表述清楚材料暂估价的处理方法及用于什么部位。

对投标报价表格的装订要求 除按招标人下发的计价表格填报报价外，各投标人表格的装订也要一致。投标报价表格装订的先后顺序，按招标人下发的投标计价格式的表格排列顺序不得改变，招标工程量清单编制人应明确以单位工程排列顺序还是以计价规范表格顺序。并要求投标报价表有装订目录。

总说明是衔接招标文件与招标工程量清单的内容，是规范招标人、控制价编制人、投标人计价行为的文件。因此，总说明应与招标文件相一致、应与分部分项工程量清单相一致、应与措施项目清单相一致、应与其他项目清单相一致、应与规费和税金项目清单相一致。工程有什么特殊要求以及招标人对投标人的特殊施工、报价要求均应在总说明中表述。

总说明详见招标工程量清单。

（5）分部分项工程量清单编制。分部分项工程量清单是构成工程项目的实体部分，是工程交易的实际内容，也有称之为"实体项目"。编制分部分项工程量清单时，必须按照2013年计价规范要求进行：2013年计价规范第4.2.1条 分部分项工程项目清单必须载明项目编码、项目名称、项目特征、计量单位和工程量；第4.2.2条 分部分项工程项目清单必须根据相关工程现行国家计量规范规定的项目编码、项目名称、项目特征、计量单位和工程量计算规则进行编制。

分部分项工程量清单与计价表，按2013年计价规范要求包括：由工程量清单编制人填写的序号、项目编码、项目名称、项目特征描述、计量单位、工程数量；由投标人填写的综合单价、合价、暂估价。

分部分项工程量清单详见招标工程量清单。

5.1 表头栏中的工程名称、标段

编制招标工程量清单时采用计价软件填写后自动生成，页次由计价软件自动生成。

5.2 序号

同一单位工程下计价软件自动生成。

5.3 项目编码

是分部分项工程和单价措施项目清单名称的阿拉伯数字标示，2013年计量规范第4.2.2条规定：工程量清单的项目编码，应采用十二位阿拉伯数字表示，一至九位应按附录的规定设置，十至十二位应根据拟建工程的工程量清单项目名称和项目特征设置，同一招标工程的项目编码不得有重码。即在实际编制清单过程中项目编码的设置：前9位按计量规范对应该名称的项目编码填写，后3位由编制人自行设置，一般自001顺序开始。

名称相近但构成价格差异较大的项目，选择编码时一定要正确选择，如墙面抹灰和零星抹灰同是抹灰项目，但价格构成差异较大，一定要正确选择对应编码；但对同一种材质规格不一样的外墙块料面层，要分别编码，如干挂花岗岩外墙面，按设计图纸要求前后墙为600×1200花岗岩，两侧山墙为800×1200花岗岩，工程量清单的项目编码应分别是011204001001和011204001002。

同一招标工程的项目编码不得有重复，是指同一招标项目含多个单项工程时所有12位清单编码均不得重复。目的是为规范整个招投标行为，且便于计算机辅助评标，其工程量清单的项目编码应有唯一性，即不但项目编码不能有重复现象，项目编码的设置严格按照2013年清单计价规范第4.2.2条规定执行。如一个标段有三个单项工程，每一单项工程中都有450×450钢筋混凝土柱，混凝土标号均为C30，工程量清单的项目编码应该是：第一个单项工程450×450钢筋混凝土柱的项目编码应为010502001101；第二个单项工程450×450钢筋混凝土柱的项目编码应为010502001201；第三个单项工程450×450钢筋混凝土柱的项目编码应为010502001301；（项目编码也可分别为010502001001、010502001002、010502001003）。

5.4　项目名称

2013年计量规范4.2.3条　工程量清单的项目名称应按附录的项目名称结合拟建工程的实际确定。项目名称不能照搬计量规范中的名称，而应从计量规范名称、计价定额的名称、拟建工程实际三个方面考虑，以描述清楚、投标人易懂并便于组价为目的。

5.5　项目特征描述

2013年计量规范4.2.4条　工程量清单项目特征应按附录中规定的项目特征，结合拟建工程项目的实际予以描述。

项目特征描述方式以简答式为宜，最好不用问答式，因大部分项目特征值是用数据表示的，问答式描述项目特征时有数字1、2、3……，容易与表达项目特征值的数字混淆，误导投标人错误判断、错误组价、引起争执。再者，用问答式占用表格行数较多，不利于特征值的表述。

对项目特征的描述，要以能满足确定综合单价的需要为前提，对拟施工清单项目的规格、材质一定要表述清楚。

分部分项工程量清单项目特征描述时可以引用构件的所在部位或所在层，以方便项目特征描述，并与总说明前后对应。标明构件所在部位的优点是可以区别相同项目所在不同的位置，便于校核工程量，便于投标组价，便于施工期间的进度计量和进度结算管理。例如：在总说明中标注每层层高，在项目特征描述时标注混凝土柱所在层数，投标人计算措施费用时，就知道该部分混凝土柱的模板是否需要计算超高费用。标注构件所在层，方便工程实施阶段进度计量的核查。

对采用标准图集或施工图纸能够全部满足项目特征描述要求的，项目特征描述可直接采用详见××图集或××图号的方式。

对图纸或图集中有选择做法的，编制人应选择其中一种，并用文字描述进行补充。例如，图集散水做法中垫层有150mm厚3:7灰土或300mm厚卵石垫层两种做法，编制人应选择其中一种，并在项目特征中表述"150mm 厚 3∶7 灰土垫层"。

对施工图纸和采用标准图集不能够满足项目特征描述要求的，例如，施工图及图集中都没有标注地板砖的规格和材质，若不描述地板砖规格，投标人无法准确报价，清单编制人员应结合招标人意见，根据地板砖所处不同位置（卫生间还是大厅、走道、办公用房），按当地常用品牌、材质、规格 300×300、800×800 的地板砖描述，也可以按 1000×1000 规格的地板砖描述，以规范投标人报价行为。若项目特征中不描述地板砖规格及材质，投标人为降低报价可能按质差价廉的 300×300 规格地板砖报价，但在实际实施中又不能满足业主的需求，在施工期间会出现争议，并带来一定金额的索赔。因此，对于不能够满足项目特征描述要求的块料材料等，编制人要征求设计人或业主（招标人）意见，在项目特征中详细描述块料材料（如地板砖）材质、规格、型号等内容，以满足计价要求。

2013 年计量规范中的项目特征描述不能满足计价要求的，例如，现浇混凝土平板的项目特征中没有厚度特征值的要求，板厚度涉及计价时定额子目的采用及施工时混凝土骨料粒径的选用，直接影响报价，所以一定要应补充板厚度的描述。

2013 年计量规范中的项目特征描述拆分地方定额的，例如块料墙面项目特征中没有墙面找平层的特征表述，而××省计价定额是将墙面找平层、粘接层、块料面层合并为一个定额子目，那么工程量清单编制人在特征描述时应首先满足计价定额要求，将块料墙面与墙面找平层合并为一项处理，执行块料墙面的清单编码和名称，将块料墙面和墙面找平层两项的项目特征合并描述，执行块料墙面的工程量计算规则。

分部分项工程量清单项目特征描述应与计量单位、计算的工程量相对应。例如：若门窗选择"樘"为计量单位，那么项目特征值就应该描述门窗的规格（宽、高）等内容，计算工程量就应为门窗的樘数，不应是门窗的面积。

分部分项工程量清单项目特征中有标注单位的应与总说明中表述相一致。

分部分项工程量清单项目特征中统一质量、规格、品牌可以在总说明中统一描述。

项目特征的描述要起到两个作用：第一是"价"的体现，就是能使别人看懂该项目的特征描述，并能正确使用计价定额、正确确定综合单价；第二是"方便"，就是方便控制价编制、方便投标人组价、方便施工进度计量和进度结算、方便竣工结算。清单项目特征描述是表现分部分项工程单价的实质内容，是准确计价的基础，描述不清楚会带来很大隐患。2008 年计价规范和 2013 年计价规范宣贯辅导教材对项目特征描述用了很大篇幅讲解，是工程量清单编制人学习、领会的重点内容。

5.6　计量单位

2013 年计量规范第 4.2.6 条　工程量清单的计量单位应按附录中规定的计量单位确定。当有可选择的计量单位时应选择其中一种，选择原则应遵循便于计量、便于调整价格、便于结算。计量单位的选择应与项目特征表述一致，与计算的工程量单位相对应，并应尽量选择与本省计价定额一致的单位，如门窗最好选择"m^2"，不要选择"樘"。

5.7　工程量计算

2013 年计量规范第 4.2.5 条　工程量清单中所列工程量应按附录中规定的工程量计算规则计算。为避免施工过程的索赔和竣工结算过程中增减造价，工程量清单编制人必须认真负责，保证计算准确，在没有签证变更的情况下，与最终所结算的工程量应基本一致，即便是有误差，最好不超过调量的误差范围（比如 3%）。工程量计算一定要与计量单位相对应，与项目特征描述相对应。

每一项分部分项工程量清单项目的内容应一致，即项目编码、项目名称、项目特征、计量单位、工程量应前后一致。即依据所要表述的项目名称和特征，选择所对应名称的项目编码、选择对应项目的计量单位，并依据本项目的工程量计算规则计算工程量。严禁清单项目的编码、名称、特征、计量单位、数量前后不对应的情况出现。如我们曾经发现××造价咨询公司编制的清单项目中，有一清单项目选择了栏杆的编码，而名称为坡道，计量单位则是"米"，最后工程量是坡道垫层的体积，这样投标人就无法报价，也给自己编制招标控制价带来麻烦。

对于2013年计量规范中缺项的（如天棚走道板），其工程量可依据省级、行业主管部门颁发的计价定额进行补充编制。

对于分部分项工程量清单项目列项的多少与列项的详细程度，应遵循便于计量、便于计价、便于价格调整、便于结算的原则。规格、材质、品牌影响造价因素相同且后期调整综合单价一致的项目可以合并列项，如某二层以上办公室全部为800×800全瓷地板砖楼面，就可以合并项目列项。不同规格、材质的一定要分开列项，如伸缩缝有木质、铁皮、钢质，一定要按不同材质和规格单独列项。

对于材质相同、尺寸规格不同时（如门、窗或块料地板砖、石材），分部分项工程量清单应前后一致，即一个标段中同一清单项目名称下，编码的前九位应相同，计量单位应相同，特征描述方式应一致，应采用同一工程量计算规则。前、后项只有后三位编码、项目特征值和工程量有区别。

（6）措施项目清单。为完成分部分项工程量清单内容所采取的措施，它不构成工程实体，是发生于该工程施工准备和施工过程中的技术、生活、安全、环境保护等方面的项目，是投标人的自主行为。

措施项目清单与计价表，分单价措施项目清单与计价表（可计量的措施项目清单）和总价措施项目清单与计价表。单价措施项目是指可计量的措施项目，是能用工程量表示，通过计算工程量并套用计价定额可以计算出费用的项目，如脚手架使用费、模板使用费、垂直运输机械费、建筑物超高施工增加费、大型机械设备进出场及安拆费、施工排水降水费、地下室施工照明措施增加费等。总价措施项目清单计价表是不容易计算实际工程量，但又必须发生的项目，用一定基数乘以一定比例的方法进行计算出费用，如安全文明施工措施费、材料二次搬运费、夜间施工增加费、冬雨季施工增加费、已完工程保护费等。

6.1　单价措施项目清单与计价表

详见招标工程量清单。

工程量计算　2013年计量规范第4.3.1条　措施项目中列出了项目编码、项目名称、项目特征、计量单位、工程量计算规则的项目，编制工程量清单时，应按照本规范第4.2分部分项工程的规定执行。按照2013年计价规范要求，将单价措施项目清单与计价表、分部分项工程清单与计价表合并为分部分项工程和单价措施项目清单与计价表。

单价措施项目清单与计价表的编制，与分部分项工程清单计价表基本相同，计量规范对项目编码、项目名称、项目特征、计量单位、计算规则都有统一规定。

对于单价措施项目清单的项目特征不可能准确详细描述的，例如采用什么脚手架、采用什么样的混凝土模板是无法准确描述的，故项目特征可暂按计量规范标示内容填写。

对于国内地方（行业）定额子目分类与 2013 年计量规范不完全一致时，如××省计价定额将混凝土带型基础、满堂基础均按有梁式和无梁式划分，而 2013 年计量规范只有带型（满堂）基础，编制人还应按具体工程情况分别按"有梁式"或"无梁式"带型（满堂）基础列项，并注明"有梁式"或"无梁式"带型（满堂）基础，以满足计价要求。

对于国内地方（行业）定额子目同类构件的规格划分与 2013 年计量规范不完全一致时，如××省计价定额将混凝土矩形柱按柱断面周长划分为 1.2 米以内、1.8 米以内、1.8 米以上三个子目，这三个模板子目的人工用量、机械消耗量差别比较大，所以工程量清单编制人还应按具体柱的规格分别列项。如柱规格为 400×400 的矩形混凝土柱，在项目特征的表述时应标注"矩形柱截面周长 1.6 米"或"柱规格 400×400"，以满足计价要求。

对于国内地方（行业）定额子目的工程量计算规则与 13 计量规范工程量计算规则有不同的，如××省计价定额将混凝土模板工程量是按混凝土体积计算的，编制人应将混凝土模板措施项目的计量单位修改为"m^3"，工程量按××省计价定额规定计算。修改计量规范计算规则后，应在总说明中表述"现浇混凝土模板工程量计算按××省计价定额规定计算"。

2013 年计量规范第 4.2.7 条　本规范现浇混凝土工程项目"工作内容"中包括模板工程的内容，同时又在措施项目中单列了现浇混凝土模板工程项目，对此，招标人应根据工程实际情况选用。若招标人在措施项目清单中未编列现浇混凝土模板项目清单，即表示现浇混凝土模板项目不单列，现浇混凝土工程项目的综合单价中应包括模板工程费用。因此，编制人应将现浇混凝土项目和现浇混凝土模板项目的特征合并描述，以完善项目特征的描述。例如，将现浇混凝土板和现浇混凝土板模板合并，则应按现浇混凝土板项目的项目编码、项目名称执行，项目特征应描述：混凝土种类、混凝土强度等级、板厚、支撑高度（或部位）以及其他特殊要求，不能在混凝土项目特征中简单表述"含混凝土模板"。

对于深基坑边坡支护、施工排水、降水等项目，是计入分部分项工程项目还是计入措施项目，应视工程具体情况而定：施工图设计中有具体做法或单独承包的应按分部分项工程执行；无详细图纸或不明确费用能发生多少的可以计入总价措施项目，招标工程量清单编制人可以按"项"列出，编制控制价时按市场同类工程以"暂估价"形式列出金额。

6.2　总价措施项目清单与计价表

详见招标工程量清单。

不能计算工程量，编制工程量清单时，只能按"项"表示。

但对于安全文明施工费有专门规定：2013 年计价规范第 3.1.5 条规定：措施项目中的安全文明施工费必须按国家或省级、行业建设主管部门的规定计算，不得作为竞争性费用。

该条只说明按国家或省级、行业建设主管部门的规定计算，没有说明具体操作方法；只强调不得作为竞争性费用，没有规定是计算基数不得竞争、费率不得竞争，还是计算基础和费率均不得竞争。因招标工程量清单下发后，投标人组价采用不同施工方法、选用不同的定额子目、组价时定额子目单价×工程量后保留小数位数不一样，最终计算安全文明施工费的基数就不一样，导致各投标人计算的安全文明施工费结果也不一样，许多造价纠纷由此而产生。

不得作为竞争性费用部分，但只要参加评标基准值的计算，就很难说清楚安全文明施工费是否让利，无法判断是否参与竞争。

若评标时扣除安全文明施工费，按那个数值扣除？按招标控制价扣除，与各投标单位的安全文明施工费不一致，容易产生矛盾，不便于造价的后期管理；按各投标单位的安全文明施工费数值扣除，则各投标单位的数据也不一样，显失公平，况且投标人易钻空子，给评标带来很大的麻烦。

例如，2010年某单项工程招标控制价总价为260万元，其中安全文明施工费仅5.1万元，但制定的招标文件中只说安全文明施工费不得作为竞争性费用，评标时在评标总价中扣除。各投标单位安全文明施工费的报价差额很大，甲投标单位计算的安全文明施工费是20万元（投标总价234.00万元）；乙投标单位修改并加大安全文明施工费数值为50万元（投标总价253.50万元），评标过程中扣除安全文明施工费后，甲的评标总价为214万元，乙的评标总价为203.5万元，乙比甲的评标总价占很大优势。不管甲、乙中标，签订施工合同时再把安全文明施工费加进去，都明显不合理。

基于以上情况，我们在实际操作过程中，对不得作为竞争性费用的安全文明施工费、规费项目提出以下建议：

①为限制投标人恶意修改安全文明施工费、规费，各级建设行政主管部门制定评标办法时，增加对项目评标前的清标工作，弄清楚哪些是恶意修改报价的投标单位。

②为了让投标人合理确定安全文明施工费、规费，以招标控制价为基数，投标人的安全文明施工费、规费报价应在以招标控制价为基数合理的范围内，超出该范围的判定废标或扣除一定分值。

③工程量清单编制人在填写表-11时，费率严格按照国家或省级、行业建设主管部门的规定该项的计算基础和费率填写，不能空置。

④清单编制人在下发招标工程量清单的同时，并下发统一的工程量清单报价格式。

对于夜间施工、二次搬运、冬雨季施工、临时保护、已完工程保护等总价措施项目，应根据拟招标的具体工程情况和招标文件的约定进行列项，不一定按2013年计量规范的内容全部列出，并明确计算基础和费率。

（7）其他项目。包括暂列金额、专业暂估价、材料（工程设备）暂估价、计日工、总承包服务费。详见招标工程量清单。

7.1 暂列金额

2013年计价规范第2.0.18条 招标人在工程量清单中暂定并包括在合同价款中的一笔款项。用于工程合同签订时尚未确定或者不可能预见的所需材料、工程设备、服务的采购，施工中可能发生的工程变更、合同约定调整因素出现时的合同价款调整以及发生的索赔、现场签证等的费用。

暂列金额一定要有，暂列金额所列数额的大小应视施工图纸设计的深度和投资额大小而定：施工图设计详细并能满足计价要求的，暂列金额可以小，否则应大；投资额大的项目比例可小，投资额小的项目比例可增大。暂列金额一般以分部分项工程费和措施项目费的10%～15%为参考计算。

暂列金额虽然包括在合同价款中，但该部分费用应视为业主（招标人）所有，发生合同价款调整、索赔、现场签证等费用时从暂列金额中支付，发生多少支付多少，剩余部分仍应归业主（招标人）。

暂列金额是由招标人确定并填写暂列金额明细表，详见招标工程量清单（规范表-12-1），并与总说明相对应，投标人报价时不能修改该数额。

7.2　材料（工程设备）暂估价

是招标人在工程量清单中对用于施工中必然发生但暂时不能准确确定材料（工程设备）单价的估价，并填写材料（工程设备）暂估单价表，详见招标工程量清单（规范表-12-2）。

按2013年计价规范规定，材料（工程设备）暂估单价应计入综合单价。材料暂估价是由招标人估算的价格，不是实际价格，清单编制人有责任协助招标人进行市场调查，使材料（工程设备）暂估单价应基本准确，与实际偏差不能过大，当实际发生价格高于原招标材料暂估价时，高出部分总差额从暂列金额中支付，实际发生价格低于原招标材料暂估价时，低于部分总差额退还业主（招标人）。

材料（工程设备）暂估单价表的填写：招标人填写材料（工程设备）名称、规格、型号时，一定要表述清楚；暂估数量栏应为按照省级（行业）定额分析的总量，暂估单价栏为招标人暂估的单价。备注栏应标注该项暂估材料（工程设备）所用部位或与之对应的分部分项清单项目编码。备注栏的填写内容应与总说明相对应，应与该项材料所对应分部分项清单项目特征描述相对应。这样处理才能使投标人准确判断该材料（工程设备）所用位置，达到合理报价、减少后期争执。

7.3　专业工程暂估价

需要后期深化设计或暂时不能准确计价的专业工程项目，具体金额由招标人暂时估算，并填写专业工程暂估价表，详见招标工程量清单（规范表-12-3）。

清单编制人要有责任心，一定要协助招标人进行市场调查，使专业工程费用暂估价应基本准确，不能偏差过大。投标人报价时不能修改该专业暂估价数额。

由于专业暂估价是暂时估算的价格，肯定不是专业工程的实际造价，专业工程实际发生的造价高于原招标专业暂估价时，超出部分从暂列金额中支付，专业工程实际发生的造价低于原招标专业暂估价时，多余部分退换业主（招标人）。

7.4　计日工

2013年计价规范第2.0.20条　在施工过程中，承包人完成发包人提出的工程合同范围外的零星项目或工作，按合同中约定的单价计价的一种方式（见2013年清单计价规范表-12-4，本书实例没有计日工）。表中的项目名称、暂定数量由招标人填写，编制招标控制价时，单价由招标人按有关计价规定确定；投标人报价时，单价由投标人自主报价，但投标人不能修改计日工的暂定数量，按暂定数量计算合价计入投标总价中；竣工结算时，按发承包双方确认的实际数量乘以投标人所报单价计算合价。

计日工的工程量是发包人提出的暂定数量，暂定工程数量可能很小，实际完成数量可能与暂定数量偏差很大。投标人是自主报价，而投标人报价可能会很高，且对整个招标工程的总报价影响很小。如果该单位中标，结算时会出现计日工总价很大，不利于工程项目造价管理。

建议：因计日工属于施工合同范围外的零星项目，为防止实施过程中纠纷的发生，招标时尽量不列计日工项目，确需列时，应在招标文件中明确该项的评标计分办法和标准，以防止投标人采用过高的不平衡报价，并在工程量清单总说明中表述计日工的计价方法，以规范投标人的计价行为。

7.5 总承包服务费

2013年计价规范第2.0.21条 总承包人为配合协调发包人进行的专业工程发包，对发包人自行采购的材料、工程设备等进行保管以及施工现场管理、竣工资料汇总整理等服务所需的费用。详见招标工程量清单（规范表-12-5）。

总包承包服务费实际上是指工程实行总承包时：①招标人在法律、法规允许的范围内对工程进行分包要求总包人进行协调服务；②发包人自行采购供应部分设备、材料等，要求总承包人提供相关服务（脚手架、垂直运输机械、水、电等）；③对施工现场进行协调和统一管理、对竣工资料进行统一汇总整理等服务所需的费用。

编制工程量清单时，招标人应填写发包人发包的专业工程名称、项目价值、服务内容；编制招标控制价时，费率及服务费金额由招标人按本省计价定额规定确定；投标时，费率及金额由投标人自主报价，并计入总价。

招标文件一定要明确总承包服务费的评标办法，工程量清单中要明确计费基数和费率，否则会引起招投标过程及后期实施阶段的纠纷。例如，2012年某工程发包人分包的专业项目价值200万元，招标文件没有明确该项的评分办法，该省计价定额规定总承包服务费率为分包项目价值的3%，招标控制价计算的总承包服务费为6.0万元。招标文件规定各投标单位自主确定总承包服务费，但评标时发现甲投标单位报总承包服务费6.0万元、乙投标单位报总承包服务费0元、丙投标单位报总承包服务费56.0万元。在投标总价已经确定的情况下，丙投标单位的分部分项工程费、措施项目费会比其他投标单位相应降低，丙投标单位的分部分项工程费、措施项目费得分有可能高，评标时对其他投标企业显失公平，且不利于工程造价的后期管理。

总之，其他项目清单可以按两部分处理，一部分是业主（招标人）定量（定价格）的，包括暂列金额、暂估价，投标人按照招标工程量清单中列出的金额填写，不得改动；另一部分为招标人定量投标人定价部分，包括计日工、总承包服务费，投标人可自主报价，但该部分一定要慎用，没有评分办法限制投标人报价的尽量不列，确需列项的，一定要有评分办法和报价限制，招标人给定该部分总金额，并明确报价范围，超出该范围的扣分处理方法。

（8）规费、税金。规费是据国家法律、法规规定，由省级政府或省级有关权力部门规定施工企业必须缴纳的、应计入建筑安装工程造价的费用。税金是国家税法规定的应计入建筑安装工程造价内的营业税、城市建设维护税、教育费附加和地方教育附加。

2013年计价规范第3.1.6条 规费和税金必须按国家或省级、行业建设主管部门的规定计算，不得作为竞争性费用。

规费、税金项目计价表的填写，详见招标工程量清单（规范表-13），计算基础、计算费率应为省级有关部门规定的计算基础和计算百分比。税金的计算基础为：分部分项工程费＋措施项目费＋其他项目费＋规费－不计税的工程设备金额之和为基数，税金比率分别为3.477%、3.413%、3.328%。

规费、税金的计价处理方法同安全文明施工费。

（9）发包人提供材料和工程设备一览表，详见招标工程量清单（规范表-20）。

招标人填写材料（工程设备）名称、规格、型号、单位、数量、单价、送达地点及备注，名称、规格、型号要与分部分项工程量清单项目特征中的描述一致，数量暂按计价定额计算的招标控制价中的数量（含损耗量）填写，单价应为供应单价，送达地点一般为工地仓库或施工现场，备注栏一般填写该材料使用部位。招标控制价和投标报价均不能修改招标人填写的内容（数量除外），并按招标人填写的单价计入综合单价内。

发包人提供材料和工程设备与暂估单价材料（工程设备）的区别：发包人提供材料和工程设备是由发包人采购并供应的，投标人要按其价值计算服务费（保管费）；而暂估单价的材料（工程设备），在实施中也可能由发包人采购，也可能是由投标人（中标人）采购；价格依据不同，发包人提供材料和工程设备的价格已经由发包人确定认可，而暂估单价的材料（工程设备）的价格是招标人暂时不能准确确定而估算价格；结算处理方法不同，发包人提供材料和工程设备总费用从结算总额中扣还业主（招标人），而暂估单价的材料（工程设备）的费用，若由承包人采购，则结算时按实际发生金额支付给承包人。

（10）承包人提供主要材料和工程设备一览表。详见招标工程量清单（规范表-21）该表相当于2003年计价规范中的主要材料价格表，设置该表有利于招标阶段的评标，有利于施工期间的工程计量与进度结算有利于竣工后的结算调整，招标人下发工程量清单时一定要下发该表。编制工程量清单时，招标人填写材料（工程设备）名称、规格、型号、单位，其余不填；编制控制价时，增加填写数量和基准单价，数量暂按计价定额计算的数量（含损耗量）填写，基准单价为招标控制价的取定单价，且该单价应与综合单价分析表中材料单价一致；投标报价时，风险系数与投标单价由投标人填写，单价应与综合单价分析表中材料单价一致，数量以投标人分析的为准。投标人不得修改招标人填写内容（数量除外）。

（11）投标计价格式。为了规范投标人的计价行为，便于评标和实施阶段的管理，招标人（或委托咨询人）在工程量清单编制完毕后，必须制作投标人报价时的计价格式，作为工程量清单的主要组成部分下发给各投标人。没有统一的投标报价计价格式是不完整的清单。

投标计价格式有封-03、扉-03、表-01、表-02（只有一个单项工程时可不设此表）、表-03、表-04、表-08、表-08-1、表-09、表-11、表-12、表-12-1、表-12-2、表-12-3、表-12-5、表-13、表-20、表-21。

各种表格形式详见招标工程量清单及投标计价格式。

三、编制工程量清单的几点要求

1. 表格要求。

不能照搬2013年计价规范的表格，必须满足方便、实用、简单的要求。2013年计价规范第16.0.1条　工程计价表宜采用统一格式，各省、自治区、直辖市建设行政主管部门和行业建设主管部门可以根据本地区、本行业的实际情况，在本规范附录B至附录L计价表格的基础上补充完善。

参考行业标准七，全部扉页内容可增加审核人及签字盖章栏，并可修改复核人为审定人，或将复核人修改为审核人、审定人。以体现两级审核方式，详细修改见后附表。

有的地区在评标办法中设定分部分项费用、措施项目费用、暂列金额、专业暂估价参加分值计算，而计价规范的建设项目、单项工程招标控制价/投标报价汇总表，只有金额一栏，没有上述几项内容，评标时还要从各单位工程中汇总，单位工程招标控制价/投标报价汇总表的装订位置不同，翻阅查找很麻烦，人工汇总合计容易出现合计错误。因此，我们在实施中增加分部分项费用、措施项目费用、其他项目费、税金列，单项工程（单位工程）行的分部分项费用、措施项目费用、其他项目费、税金、规费数据合并，成为单项工程（单位工程）金额，各列数据合并成为建设项目（单项工程）的分部分项费用、措施项目费用、其他项目费、税金、规费总额，该表格纵向、横向合并相互校验数据的正确性。该表增加列后也能为造价管理部门提供造价指标和管理依据。在该表中也可增加暂列金额、专业暂估价等内容列。增补修改表格内容见后附表。

分部分项工程和措施项目清单与计价表只有综合单价列，从分部分项工程和措施项目清单与计价表的汇总中，不能看到计算措施项目费（安全文明费、夜间施工增加费、二次搬运费冬雨季增加费等）、规费的基础数据，有的以人工费为基数，有的以人机费为基数，有的以人材机费为基数，还有以综合工日为基数。所以我们在实施中增加人工费合价、材料费合价、机械费合价、管理费和利润合价，并增加综合工日合计列，从纸质文档中就直接可以读取按基数乘以比例的计算基数。招标工程量清单表格及增补修改表格内容见后附表。

总说明要特别注明对投标人要求：按照 2013 年计价规范第 6.1.4 条规定，投标人必须按招标工程量清单填报价格，项目编码、项目名称、项目特征、计量单位、工程量必须与招标工程量清单一致。为规范投标人的计价行为并方便评标和工程实施过程中结算管理，招标工程量清单完成后，招标人还要下发统一的投标人计价格式，即已标价工程量清单表格及增补修改表格（内容见后附表）。

为保证投标人填写的项目编码、项目名称、项目特征、计量单位、工程量与招标工程量清单一致，招标人应提供与招标工程量清单、投标人计价的统一格式完全一致的电子文档。

2. 质量要求。

招标工程量清单编制质量的优劣，决定着拟交易工程项目交易的成败。表述清楚工程项目的概况，投标人才能根据工程概况进行报价；表述清楚分部分项工程的项目特征才能使投标人对每个清单项目准确报价并减少造价争执和索赔；按照 2013 年计价规范与本省计价定额要求准确选定计量单位才能使投标人所报单价统一；准确计算工程量才能减少投标人采用不平衡报价的机会；准确表达材料暂估价才能使投标人按工程量清单的名称进行选择对应材料的价格；准确规定安全文明费的计算基础和费率投标人才能正确计算该项费用。在不同位置对工程量清单的表述必须前后对应：分部分项工程量清单内容表述一致，项目特征值的计量单位表述一致，前后内容一致、总说明表述与分部分项工程量清单项目特征一致、总说明表述与措施项目清单一致、总说明表述与其他项目清单内容一致、招标工程量清单内容与招标文件内容表述一致是招标工程量清单编制人必须做到的事项。

3. 目标要求。

招标工程量清单编制人应站在不同时段上看待问题，即在招标工程量清单编制阶段看内容是否完证、准确，表格是否完善并满足以下要求：满足正确编制控制价要求、满足投标人正确报价要求、满足准确快速评标要求，满足施工期间能否提供快速、准确计量的要求，满足竣工结算的要求。因为招标工程量清单的瑕疵而引起整个实施阶段的造价争执，都是招标工程量清单编制人应该注意的问题。

附：招标工程量清单实例

招标工程量清单实例

招标工程量清单（封-01）

<u>　　　××市医院综合楼　　　</u>工程

招标工程量清单

招　标　人：<u>　　××市人民医院　　</u>

（单位盖章）

造价咨询人：<u>　　××造价师事务所　　</u>

（单位盖章）

年　　月　　日

招标工程量清单（扉-01）

××市医院综合楼工程

招标工程量清单

招　标　人：　　××市医院　　　造价咨询人：＿＿＿＿＿＿＿＿
　　　　　　　（单位盖章）　　　　　　　　　　　　（单位资质专用章）

法定代表人　　　　　　　　　　法定代表人
或其授权人：＿＿＿＿＿＿＿＿　或其授权人：＿＿＿＿＿＿＿＿
　　　　　（签字或盖章）　　　　　　　　　（签字或盖章）

编制人：＿＿＿＿＿　复核人：＿＿＿＿＿　审定人：＿＿＿＿＿
（造价人员签字盖专用章）（造价人员签字盖专用章）　（造价工程师签字盖专用章）

编制时间：　年月日　审核时间：　年月日　审定时间：　年月日

招标工程量清单目录

投标计价格式目录

招标工程量清单（表-01）

工程量清单编制说明

工程名称：××市医院综合楼　　　　　　　　　　第 1 页　共 1 页

一、工程概况：本工程为××市医院综合楼，建筑面积 65635.16m²（其中地下 8528.80m²，地上 57106.36m²）。框剪结构，地下二层，地上 25 层（局部 26 层），室内外高差 0.6 米，各楼层层高：地下二层 5.5 米，地下一层 4.8 米，一层 5 米，二～五层 4.7 米，六层 3.3 米，七～二十五层 3.8 米，二十六层 6 米。工程所在地为市区内。施工图包括桩基、地下人防、建筑与装饰、电气、给排水、通风空调、消防、监控、电话等专业。

二、招标范围：土建主体、内墙抹灰、外墙装饰、电气、给排水、通风空调，具体内容详见工程量清单。本次招标不含桩基、人防工程战时内容、室内高级装修、监控、电话等专业工程。

三、工程质量要求：合格。

四、工期：招标文件要求 860 日历天。

五、清单编制依据：

1. 工程图纸、有关图集规范。

2. 招标文件。

3.《建设工程工程量清单计价规范》（GB 50500—2013），《房屋建筑与装饰工程工程量计算规范》（GB 50854—2013），《通用安装工程工程量计算规范》（GB 50856—2013），《××省建设工程工程量清单综合单价》（2008）。

六、填表须知：

1. 投标人应按招标人提供的工程量清单计价格式议案写报价，投标报价数据应前后一致，不得出现二次让利或二次报价。

2. 投标人应按招标人提供的"项目编码"、"项目名称"、"项目特征"、"计量单位"、"工程量"、"暂列金额"、"专业工程暂估价"以及顺序填写，不能修改。

3. 投标人应按招标人提供的"材料暂估单价"、"业主拟供材料单价"计入综合单价，不能修改。

4. 安全文明措施费按招标文件规定执行。

5. 规费、税金按招标文件规定执行。

七、其他问题说明：

1. 分部分项工程量清单除所标注有单位的外，标高以米（m）为单位，其余以毫米（mm）为单位。

2. 现浇混凝土模板清单工程量按《××省建设工程工程量清单综合单价》（2008）A 建筑工程的规定，除楼梯按投影面积"m²"列项外，其余以混凝土体积"m³"为计量单位列项。

3. 未注明的台阶及平台做法按 05YJ91 2E/61；台阶侧面挡墙做法暂按（同汽车坡道挡墙）05YJ9 -1 4/63，墙厚暂按 240 砖墙；台阶挡墙装饰暂按粘贴花岗岩考虑，台阶栏杆取消。

4. 暂列金额 9500000.00 元，计入建筑装饰专业工程造价中；专业暂估价、材料暂估价详见其他项目清单表；六～二十二层护士更衣室 800×800 玻化地板砖为业主供应材料，单价及供货地点详见发包人提供材料和工程设备一览表。

分部分项工程清单与计价表

招标工程量清单（表-08）

工程名称：××市医院综合楼　建筑装饰　标段：　第 1 页　共 1 页

序号	项目编码	项目名称	项目特征描述	计量单位	工程数量	综合单价	合价	人工费合价	材料费合价	机械费合价	管理费和利润合价	暂估价	综合工日合计
									其　中			其中：	
						金　额（元）							
1	010101002001	挖一般土方	基础大开挖（含挖桩间土），一、二类土，坑底标高 -12.8，全部土方外运 5km	m³	58179.08								
2	010502001001	矩形柱	现浇二~五层 C50 商品混凝土 500×500	m³	379.58								
3	010807001001	金属（塑钢、断桥）窗	深灰色 150 系列铝合金明框 6+12A+6 浅灰色中空 LOWE 玻璃窗，各种窗洞口规格详见施工图	m²	7409.58								
4	011102003001	块料楼地面	六~二十二层护士更衣室 800×800 玻化地板砖楼面，做法见 05YJ1－楼10……	m²	322.32								

招标工程量清单（表-08-1）

单价措施项目清单与计价表

工程名称：××市医院综合楼 建筑装饰　　　　标段：　　　　　　　　第 1 页 共 1 页

序号	项目编码	项目名称	项目特征描述	计量单位	工程数量	金额（元）							综合工日合计
						综合单价	合价	人工费合价	材料费合价	机械费合价	管理费和利润合价		
1	011701001003	综合脚手架	地下室综合脚手架	m²	8528.80								
2	011701001004	综合脚手架	±0.00 米以上综合脚手架	m²	57106.36								
3	011702002001	矩形柱模板	现浇二～五层 C50 商品混凝土 500×500 柱	m³	379.58								
			……										

招标工程量清单（表-11）

总价措施项目清单与计价表

工程名称：××市医院综合楼　建筑装饰　　标段：　　第1页　共1页

序号	项目编码	项目名称	计算基础	费率（%）	金额（元）
1	011707001001	安全文明施工费			
2	1.1	安全生产费	（综合工日合计＋技术措施项目综合工日合计）×34×1.66	10.18	
3	1.2	文明施工措施费	（综合工日合计＋技术措施项目综合工日合计）×34×1.66	5.1	
	合　计				

注：依据招标文件要求，不计算夜间施工增加费、二次搬运费、冬雨季施工增加费、已完工程保护费等内容。

招标工程量清单（表-12）

其他项目清单与计价汇总表

工程名称：××市医院综合楼 建筑装饰 标段： 第1页 共1页

序号	项目名称	金 额（元）	备 注
1	暂列金额	9500000.00	明细详见表-12-1
2	暂估价	29866000.00	
2.1	材料（工程设备）暂估价		明细详见表-12-2
2.2	专业工程暂估价	29716000.00	明细详见表-12-3
2.3	总承包服务付费	150000.00	明细详见表-12-5
	合　　计	39366000.00	—

招标工程量清单（表-12-1）

暂列金额明细表

工程名称：××市医院综合楼 建筑装饰 标段： 第1页 共1页

序号	项目名称	计量单位	暂定金额（元）	备 注
1	暂列金额	项	9500000.00	
	合　　计		9500000.00	

招标工程量清单（表-12-2）

材料（工程设备）暂估单价表

工程名称：××市医院综合楼 建筑装饰 标段： 第1页 共1页

序号	材料（工程设备）名称、规格、型号	计量单位	数量	暂估单价（元）	暂估合价（元）	备注
1	铝合金推拉窗（含玻璃、配件）深灰色150系列铝合金明框6＋12A＋6浅灰色中空LOWE玻璃窗（洞口尺寸）	m²	7409.58	650.00		用于外墙窗
	合计					

招标工程量清单（表-12-3）

专业工程暂估价表

工程名称：××市医院综合楼 建筑装饰 标段： 第1页 共1页

序号	工程名称	工程内容	暂估金额（元）	备注
1	外墙保温，50厚钢丝网岩棉（A级）	保温层全活及相应措施	2560000.00	16000m²×160元/m²
2	外墙面干挂石材	钢骨架、干挂石材及相应措施	3348000.00	3720m²×900元/m²
3	外墙柱面干挂石材	钢骨架、干挂石材及相应措施	768000.00	800m²×960元/m²
4	外墙铝板墙面	钢骨架、铝板制安及相应措施	21030000.00	17525m²×1200元/m²
5	玻璃幕墙	深灰色150系列隐框玻璃，6＋12A＋6厚浅灰色中空LOW－E玻璃及相应措施	2010000.00	1675m²×1200元/m²
	合计		29716000.00	—

招标工程量清单（表-12-5）

总承包服务费计价表

工程名称：××市医院综合楼　建筑装饰　　　标段：　第1页　共1页

序号	项目名称	项目价值（元）	服务内容	计算基础	费率（%）	金额（元）
1	洁净区室内装修	3750000.00	现场配合服务、协调管理竣工资料整理等	3750000.00	4	150000.00
合　　计						150000.000

招标工程量清单（表-13）

规费、税金项目计价表

工程名称：××市医院综合楼　建筑装饰　　　标段：　第1页　共1页

序号	项目名称	计算基础	计算基数	计算费率（%）	金额（元）
1	规费	工程排污费＋社会保障费＋住房公积金			
1.1	工程排污费	按实际发生额结算			
1.2	社会保障费	综合工日	综合工日	908	
1.3	住房公积金	综合工日	综合工日	170	
2	税金	分部分项工程＋措施项目＋其他项目＋规费	分部分项工程＋措施项目＋其他项目＋规费	3.477	
合　　计					

招标工程量清单（表-20）

发包人提供材料和工程设备一览表

工程名称：××市医院综合楼　建筑装饰　　　标段：　　第 1 页　共 1 页

序号	材料（工程设备）名称、规格、型号	单位	数量	单价（元）	交货方式	送达地点	备　注
1	800×800 玻化地板砖	千块	0.5157	37500.00		工地仓库	用于六～二十二层护士更衣室
	……						

招标工程量清单（表-21）

承包人提供主要材料和工程设备一览表
（适用造价信息差额调整法）

工程名称：××市医院综合楼建筑装饰

序号	名称、规格、型号	单位	数量	风险系数（%）	基准单价（元）	投标单价（元）	备　注
1	C50 商品混凝土	m^3					
	……						

投标计价格式

投标计价格式（封-03）

_____工程

投 标 总 价

投 标 人：_____

（单位盖章）

年　　月　　日

投标计价格式（扉-03）

投 标 总 价

招 标 人：＿＿＿＿＿＿＿＿＿＿＿＿＿＿＿

工 程 名 称：＿＿＿＿＿＿＿＿＿＿＿＿＿

投标总价（小写）：＿＿＿＿＿＿＿＿＿＿＿

（大写）：＿＿＿＿＿＿＿＿＿＿＿

投 标 人：＿＿＿＿＿＿＿＿＿＿＿＿＿＿＿
（单位盖章）

法定代表人
或其授权人：＿＿＿＿＿＿＿＿＿＿＿＿＿
（签字或盖章）

编 制 人：＿＿＿＿＿＿＿＿＿＿＿＿＿＿＿
（造价人员签字盖专用章）

编 制 时 间： 年 月 日

投标计价格式（表-01）

投标报价编制说明

工程名称：　　　　　　　　　　　　　　　　第1页　共1页

投标计价格式（表-02）

工程项目投标报价汇总表

工程名称：

序号	名 称	总报价（元）	其 中 （元）					总报价中含专业暂估价（元）	总报价中含暂列金额（元）
			分部分项工程费	措施项目费	其他项目费	规费	税金		
	......								
合 计									

投标计价格式（表-03）

工程名称：

第 1 页 共 1 页

单项工程投标报价汇总表

| 序号 | 名 称 | 总报价（元） | 其 中（元） | | | | 总报价中含专业暂估价（元） | 总报价中含暂列金额（元） |
			分部分项工程费	措施项目费	其他项目费	规费	税金		
	……								
合 计							合计		

投标计价格式（表-04）

单位工程投标报价汇总表

工程名称：　　　　　　　标段：　　　　　第 1 页　共 1 页

序号	汇 总 内 容	金额（元）	其中：暂估价（元）
1	分部分项工程		
1.1	其中：综合工日		
1.2	1）人工费		
1.3	2）材料费		
1.4	3）机械费		
1.5	4）管理费和利润		
2	措施项目		
2.1	其中：1）技术措施费		
2.1.1	综合工日		
2.1.2	①人工费		
2.1.3	②材料费		
2.1.4	③机械费		
2.1.5	④管理费和利润		
2.2	总价措施项目		
2.2.1	① 安全生产费		
2.2.2	②文明施工措施费		
3	其他项目		
3.1	暂列金额		
3.2	专业工程暂估价		
3.3	计日工		
3.4	总承包服务费		
4	规费		
4.1	工程排污费		
4.2	社会保障费		
4.3	住房公积金		
5	税金		
6	工程造价		

投标计价格式（表-08）

工程名称：　　　　　　　　　标段：　　　　　　　　　　第 1 页 共 1 页

分部分项工程清单与计价表

序号	项目编码	项目名称	项目特征	计量单位	工程数量	金　额（元）								
						综合单价	合价	其　　中						综合工日
								人工费合价	材料费合价	机械费合价	管理费和利润合价	其中：材料暂估价		
合　计														

投标计价格式（表-08-1）

单价措施项目清单与计价表

工程名称：　　　　　　　　　　　　　标段：　　　　　　　　　第 1 页　共 1 页

序号	项目编码	项目名称	项目特征	计量单位	工程数量	金　额（元）						
						综合单价	合价	其　中				综合工日
								人工费合价	材料费合价	机械费合价	管理费和利润合价	
合　计												

投标计价格式（表-09）

综合单价分析表

工程名称：　　　　　　　　　　标段：　　　　　　第 1 页　共 1 页

项目编码		项目名称		计量单位		工程量	
清单综合单价组成明细							

定额编号	定额项目名称	定额单位	数量	单　价				合　价			
				人工费	材料费	机械费	管理费和利润	人工费	材料费	机械费	管理费和利润
人工单价			小　计								
（　）元/工日			未计价材料费								
清单项目综合单价											

材料费明细	主要材料名称、规格、型号		单位	数量	单价（元）	合价（元）	暂估单价(元)	暂估合价（元）
	材料费小计							

投标计价格式（表-11）

总价措施项目清单与计价表

工程名称：　　　　　　　　　标段：　　　　　　第1页　共1页

序号	项目编码	项目名称	计算基础	费率（%）	金额（元）	备注
1	011707001001	安全文明施工费				
2	1.1	安全生产费	（综合工日合计＋技术措施项目综合工日合计）×34×1.66	10.18		
3	1.2	文明施工措施费	（综合工日合计＋技术措施项目综合工日合计）×34×1.66	5.1		
		合　计				

投标计价格式（表-12）

其他项目清单与计价汇总表

工程名称：　　　　　　　　标段：　　　　第 1 页　共 1 页

序号	项目名称	金额（元）	备　注
1	暂列金额		明细详见表-12-1
2	暂估价		
2.1	材料（工程设备）暂估价		明细详见表-12-2
2.2	专业工程暂估价		明细详见表-12-3
2.3	总承包服务费		明细详见表-12-5
	合　计		

投标计价格式（表-12-1）

暂列金额明细表

工程名称：　　　　　　　　标段：　　　　第 1 页　共 1 页

序号	项目名称	计量单位	暂定金额（元）	备　注
1	暂列金额	项		
合　计				

投标计价格式（表-12-2）

材料（工程设备）暂估单价表

工程名称：　　　　　　　　　标段：　　　　　第 1 页 共 1 页

序号	材料（工程设备）名称、规格、型号	计量单位	数　量	暂估单价（元）	暂估合价（元）	备　注
合计						

投标计价格式（表-12-3）

专业工程暂估价表

工程名称：　　　　　　　　　标段：　　　　　第 1 页 共 1 页

序号	工程名称	工程内容	暂估金额（元）	备　注
合　计				

投标计价格式（表-12-5）

总承包服务费计价表

工程名称：××市医院综合楼　建筑装饰　　标段：　　第1页　共1页

序　号	项目名称	项目价值（元）	服务内容	计算基础	费率（%）	金额（元）
合　计						

投标计价格式（表-13）

规费、 税金项目计价表

工程名称：　　　　　　　　　　标段：　　　　　　第1页　共1页

序号	项目名称	计算基础	计算基数	计算费率（%）	金额（元）
1	规费	工程排污费＋社会保障费＋住房公积金			
1.1	工程排污费	按实际发生额结算			
1.2	社会保障费	综合工日	综合工日		
1.3	住房公积金	综合工日	综合工日		
2	税金	分部分项工程＋措施项目＋其他项目＋规费	分部分项工程＋措施项目＋其他项目＋规费		
合　计					

投标计价格式（表-20）

发包人提供材料和工程设备一览表

工程名称：　　　　　　　　　标段：　　　　　　第1页　共1页

序号	材料（工程设备）名称、规格、型号	单位	数量	单价（元）	交货方式	送达地点	备　注
	……						

投标计价格式（表-21）

承包人提供主要材料和工程设备一览表
（适用造价信息差额调整法）

工程名称：　　　　　　　　　标段：　　　　　　第1页　共1页

序号	名称、规格、型号	单位	数量	风险系数（%）	基准单价（元）	投标单价（元）	备　注

第四章　招标控制价编制

招标人为了控制投资和掌握造价情况，依据 2013 年清单计价规范第 5.1.1 条　国有资金投资的建设工程招标，招标人必须编制招标控制价。

一、编制依据

2013 年清单计价规范第 5.2.1 条　招标控制价应根据下列依据编制与复核：

（1）本规范；

（2）国家或省级、行业建设主管部门颁发的计价定额和计价办法；

（3）建设工程设计文件及相关资料；

（4）拟定的招标文件及招标工程量清单；

（5）与建设项目相关的标准、规范、技术资料；

（6）施工现场情况、工程特点及常规施工方案；

（7）工程造价管理机构发布的工程造价信息，当工程造价信息没有发布时，参照市场价；

（8）其他的相关资料。

要特别注意上述施工现场情况、工程特点及常规施工方案对造价的影响。

二、编制办法及内容

（一）编制办法

在××市的建设项目实施工程量清单计价的招标文件中，都标注招标控制价的编制办法：

招标控制价是招标人控制招标工程造价的最高限价，招标控制价依据工程量清单、施工图纸、本省现行的计价定额及其计价办法、××市工程造价管理机构印发的××年第××期材料价格信息编制，信息中没有的材料价格按市场调查价格编制，人工费按省级工程造价管理机构发布的最近一期指导价执行。

安全文明施工措施费：不计入措施项目报价，中标后由造价管理部门按规定足额计算，列入合同价。

规费和税金：规费包括工程排污费、住房公积金、社会保障费（养老保险、医疗保险、失业保险、工伤保险、生育保险）不列入报价，中标后由工程造价管理机构统一核算，列入合同价，其中社会保障费由建设单位直接向市建设劳保办缴纳，市建设劳保办再按规定返还中标企业；税金应按有关规定足额计算。

（二）编制内容

按 2013 年计价规范第 16.0.4 条第 1 款规定，招标控制价成果文件包括：招标控制价封面、扉页、总说明、建设项目招标控制价汇总表、单项工程招标控制价汇总表、单位工程招标控制价汇总表、分部分项工程和单价措施项目清单与计价表、综合单价分析表、总价措施项目、其他项目清单与计价汇总表、暂列金额明细表、材料（工程设备）暂估单价及调整表、专业工程暂估价及结算价表、计日工表、总承包服务费表、规费、税金项目计价表、发包人提供材料和工程设备一览表、承包人提供材料和工程设备一览表。

1. 封面、扉页、目录。封面、扉页填写同招标工程量清单一样，并增加目录页。详见封-2、扉-2、目录。

2. 总说明（招标控制价编制说明）。总说明中填写下列内容：

（1）工程概况：建设规模、结构形式、工程特征、计划工期、施工现场情况等。

（2）招标范围（计算内容）：要具体注明本次招标的专业范围，如：主体（含地下室混凝土墙中预埋套管）、内墙抹灰、外墙装饰、通风空调、强电、给排水等。避免出现不标注具体专业、仅有详见图纸或图纸全部内容的情况。

（3）编制依据：2013 年计价规范、工程量清单、图纸、采用的计价定额及相应的计价办法、人工费单价计算依据、材料价格取定依据。

（4）与计价有关的问题：控制价中对规费、安全文明施工费的计取说明；风险范围包括的内容及比例；暂列金额数值、专业暂估价范围、计取总承包服务费的专业范围，等等。

（5）有关问题说明：主要是对图纸不清楚的地方、计价定额中没有相同、类似或相近的子目是怎么考虑的等问题的说明。

招标控制价编制说明详见表-1。

3. 建设项目招标控制价汇总表。

为保证工程量清单计价表格数据前后一致，并便于评标及工程造价后期管理，增加分部分项工程量清单项目费、措施项目费、其他项目费、规费、税金、暂列金额、材料暂估价、专业暂估价、安全文明费等数据列。

建设项目招标控制价总金额（造价）应与招标控制价封面金额完全一致。

该表内数据应前后一致。即建设项目总金额（造价）应等于各单项工程的分部分项工程量清单项目费、措施项目费、其他项目费、规费税金之和，单项工程造价应等于各单位工程分部分项工程量清单项目费、措施项目费、其他项目费、规费税金之和。

表内各数据来源于各单项工程招标控制价汇总表；单项工程行内的工程造价、工程量清单项目费、措施项目费、其他项目费、规费税金应与各单位工程招标控制价汇总表中数据完全一致；总表中的暂列金额、材料暂估价、专业暂估价、规费、安全文明施工费应与单项工程招标控制价汇总表中数据完全一致。

工程项目招标控制价汇总表的填写，应按招标文件要求单项工程的先后顺序填写，即应与招标工程量清单的先后顺序一致。招标项目只有一个单项工程时可不设此表。

工程项目招标控制价汇总表详见表-2。

4. 单项工程招标控制价汇总表。

单项工程招标控制价汇总表，各数据来源于单位工程招标控制价汇总表。该表应与建设项目招标控制价汇总表数据一致；该表内数据应前后一致；应与单位工程招标控制价汇总表数据一致。表格形式及要求同工程项目招标控制价汇总表。

单项工程招标控制价汇总表按单项工程数量设置。单项工程招标控制价汇总表的填写应按招标文件要求填写单位工程的先后顺序，即应与招标工程量清单的先后顺序一致。招标项目有多个单项工程时，表格应按招标文件及工程项目招标控制价汇总表序号先后排列装订。

单项工程招标控制价汇总表详见表-3。

5. 单位工程招标控制价汇总表。

单位工程招标控制价汇总表的数据分别来源于分部分项工程量清单与计价表、单价措施项目清单与计价表、总价措施项目清单与计价表、其他项目清单与计价表、规费、税金项目清单与计价表。该表内数据应前后一致，应与相应数据源表格内汇总金额一致。单位工程招标控制价汇总表按单位工程数量设置。单位工程招标控制价填写应按本省计价定额规定的计价程序填写。表格前后顺序应按单项工程招标控制价汇总表中的序号先后排列。

单位工程招标控制价表详见表-4。

6. 分部分项工程和单价措施项目清单与计价表。

按增补修改后的表格填写，其中序号、项目编码、项目名称、项目特征描述、计量单位、工程量六列，按招标工程量清单并不得改变。综合单价数据来源于对应的综合单价分析表中的工程量清单项目综合单价数据，合价为工程量乘以综合单价。表中的人工费、材料费、机械费、管理费和利润数据来源于综合单价分析表中相应数据分别乘以工程量，人工费合价、材料费合价、机械费合价、管理费利润合价之和等于表中的合价。这样处理可以为计算安全文明费、规费提供基数，还可以校对数据的一致性。

分部分项工程量清单与计价表，应按招标人下发的分部分项工程量清单排列顺序填写，是否带每一分部（土方、混凝土⋯⋯）合计视业主的工程量清单而定，最终的合计应为单位工程分部分项工程量清单的汇总。

分部分项工程清单与计价表详见表-8；单价措施项目清单与计价表详见表-8-1。

7. 综合单价分析表。

是分析分部分项工程和单价措施项目单价构成的表格，是提供清单报价基础数据的依据，是评定投标企业综合单价构成合理与否的主要参考值。编制招标控制价时，应按本省与2013年计价规范配套使用的计价定额和计价办法规定合理确定综合单价。

综合单价分析表中的清单编码、项目名称、计量单位和工程量是对应该项分部分项工程量清单的内容，其来源于招标人下发的与之相对应的清单项目。清单综合单价组成明细栏中的定额编号、定额项目名称、定额单位，填写应依据清单项目特征描述内容所对应国家或省级（行业）计价定额的定额编号、定额名称、定额单位。数量为单位清单工程量所含相应定额子目工程量，即某项工程量清单下各定额子目工程量除以清单工程量的值，该数据以保留4位小数为宜。人工费、材料费、机械费、管理费和利润单价为国家计价定额规定的单价。人工费、材料费、机械费、管理费和利润合价为定额工程量乘以相应人工费、材料费、机械费、管理费和利润单价之积。小计为各定额子目中人工费、材料费、机械费、管理费和利润之和。人工单价按省级造价管理部门发布的人工费指导价计算。未计价材料费是定额子目中没有计价的材料费。人工费、材料费、机械费、管理费和利润小计之和再加未计价材料费即是清单项目综合单价。主要材料明细为对应上述定额工程量所含材料的名称、规格、型号、单位、数量、单价、合价。材料费小计为上述材料费用之和，该数据与清单综合单价组成明细中的材料费（包括未计价材料费）完全一致。

清单项目中若有暂估材料单价的，应将其单价、合价填入对应的暂估单价、暂估合价栏内。

在实际招标工作中，由于工程量清单综合单价分析表数量较多，招标人可在招标文件中仅要求投标人在投标文件正本中附工程量清单综合单价分析表。由于该表页数太多，也可单独装订成册。

还要特别注意：对于个别清单项目，可能存在本省计价定额的计算规则与2013年计量规范的计算规则不一致，此时就要按本省计价定额的规定重新计算工程量，套用相应定额子目，然后进行综合单价分析，最终换算成清单工程量对应的综合单价。

综合单价分析表详见表-9。

8. 总价措施项目清单与计价表。

用分部分项工程和单价措施项目分析的数据为基数，乘以规定的比例计算。详见表-11。

9. 其他项目清单与计价汇总表及相应表格的填写。

其他项目清单与计价汇总表中的暂列金额、专业暂估价是招标人确定的金额，控制价编制人按招标文件要求不作任何改动的填入相应位置和对应表格。材料（工程设备）暂估价按招标文件要求已经计入分部分项工程量清单中。计日工表因与项目无关，我们一般不列。总承包服务费是招标时招标人已确定再次发包的专业工程并需总承包人配合服务所需的费用，编制人按招标文件要求填写服务内容及按本省计价定额规定计算价格。

其他项目清单与计价汇总表详见表-12；暂列金额明细表详见表-12-1；材料（工程设备）暂估单价表详见表-12-2；专业工程暂估价表详见表-12-3；总承包服务费计价表详见表12-5。

10. 规费、税金项目计价表（详见表-13）。按国家或省级规定计算。

11. 发包人提供材料和工程设备一览表（详见表-20）。与招标工程量清单相同。

12. 承包人提供主要材料和工程设备一览表。详见表-21。

填写此表非常重要，他是控制投标人报价的依据，是评定投标人所报材料价格是否合理的尺度。编制人按招标工程量清单下发的名称、规格、型号、单位不变；数量是按本省计价定额分析总用量；基准单价一般采用工程造价管理机构发布的信息单价，信息中没有的价格按招标人考察确认的市场价格计算。

（三） 编制招标控制价的具体操作

将招标人下发的工程量清单电子文档，导入计价软件内；依据分部分项工程量清单特征描述，计算该分部分项工程量清单项目下的各定额子目工程量，在清单行下输入本清单项目的定额子目编号；再输入该清单项目的定额子目总工程量；换算、调整所需换算的内容，逐条输入定额子目、工程量，并换算；按上述步骤逐项完成分部分项工程和措施项目；按当地工程造价管理机构公布的建材信息指导价格（计入）调整材料价格；按招标文件规定计取材料价格风险系数；招标文件中规定有暂估价材料的应按招标文件中的暂估材料单价输入并调整，将材料暂估价做出标识；总价措施项目自动生成；按规定填写需要计算的计日工和总承包服务费。

三、招标控制价的公布

执行2003年清单计价规范时，各省、市就规定了招标控制价是招标人控制工程造价的最高限价，大于招标控制价的报价均为无效报价，其商务标不再进行评审。但由于当时没有规定招标控制价的公布时间及详细程度，所以开始在实际操作过程中，往往是开标时才公布招标控制价，且只公布一个总数。有时招标人为了压低造价，编制招标控制价时有以下几种不正常情况：①按预算定额及市场价格信息计算出合理的造价后，再下降一个系数，如预算价×0.95 或 0.9 系数等等；②将材料价格在造价管理机构发布的信息价基础上降10% 左右后进入预算；③向施工企业发的工程量清单是正确的，但业主在套定额子目时故意少套几项，已达到降低总价的目的。以上几种情况，都为日后的纠纷埋下了祸根，因企业在报价时尽管总价没超过招标控制价，但他们事先都按规定拟定了招标控制价，当业主公布招标控制价时，实际上投标企业对招标控制价的高低已心中有数，当业主故意压价时，企业中标后一定会通过各种途径、各种办法找出价低的原因，业主还得如实弥补压低的价款。

但直到现在，许多地方公布的招标控制价中没有主材价格取定表；公布的其他项目清单中只有总价，没有暂列额、专业暂估价的具体数额；规费、安全文明施工费的具体数额也不公布。这就给评标、施工合同签订、进度结算、竣工结算带来很多纠纷。

根据 2008 年清单计价规范第 4.2.8 条、4.2.9 条和 2013 年清单计价规范第 5.1.4 条规定：招标控制价不应上调或下浮；投标人经复核认为招标人公布的招标控制价未按规定进行编制的，应在开标前 5 天向招标监督机构或（和）工程造价管理机构投诉。为了给企业复核招标控制价的时间，公布招标控制价的时间应在开标前大于 5 天的时间进行公布，××省住房和城乡建设厅关于《河南省建设工程工程量清单招标控制价管理规定》（×建设标〔2010〕24 号）中明确指出：招标控制价应在开标之日 7 天前公布，且不能只公布一个总价。公布的内容应包括总价；各专业造价；各分部分项的单价和合价；主要材料价格；各种措施费的单价与合价；各项其他项目费、规费、税金、风险费用及相应内容、幅度和计算说明。为保证招标控制价的公开、公正及合理，且便于计算机辅助评标、清标，减少实施阶段的造价纠纷，自 2012 年 10 月以来，××市在开标前 7 天公布招标控制价，公布的内容如下：

总价、各专业工程造价、各分部分项的单价和合价、主要材料价格、各种措施费的单价和合价、各项其他项目费、各项规费、税金以及风险费用及相应内容。具体内容应包含招标控制价封面、招标控制价扉页、总说明、建设项目招标控制价汇总表、单项工程招标控制价汇总表、单位工程招标控制价汇总表、分部分项工程和单价措施项目清单与计价表、总价措施项目、其他项目清单与计价汇总表、暂列金额明细表、材料（工程设备）暂估单价及调整表、专业工程暂估价及结算价表、总承包服务费表、规费、税金项目计价表、发包人提供材料和工程设备一览表、承包人提供材料和工程设备一览表、综合单价分析表。即要公布招标控制价的全部内容，以便接受企业的监督。

公布的形式是纸质文档、电子文档同时公布，且电子文档必须符合××省工程建设标准《建设工程造价软件数据交换标准》（DBJ41/T087—2008）要求。

招标控制价公布的内容及计价表格详见实例。

招标人在公布招标控制价之前，应将招标控制价的资料报送各市工程造价管理机构办理备查登记。报送内容应为招标控制价计价表格的全部内容，以及风险费计算和说明，同时提供相应电子文档，介质要求为 CD－R 光盘，并符合××省工程建设标准《建设工程造价软件数据交换标准》（DBJ 41/T087—2008）。

2013 年计价规范第 5.1.6 条要求招标人发布招标文件时公布招标控制价，在目前情况下，许多地市还无法实现。

附：招标控制价实例

招标控制价实例

招标控制价（封-02）

<u>　　　　××市医院综合楼工程　　　　</u>　**工程**

招标控制价

招　标　人：<u>　　××市人民医院　　</u>

（单位盖章）

造价咨询人：<u>　　　　　　　　　　　　</u>

（单位盖章）

年　　月　　日

招标控制价（扉-02）

××市医院综合楼工程

招标控制价

招标控制价（小写）：　173802794.68 元（不含安文费、规费）

　　　　　　（大写）：壹亿柒仟叁佰捌拾万零贰仟柒佰玖拾肆元陆角捌分

招　标　人：　××市医院　　　　造价咨询人：＿＿＿＿＿＿

　　　　　　（单位盖章）　　　　　　　（单位资质专用章）

法定代表人　　　　　　　　　法定代表人

或其授权人：＿＿＿＿＿＿　或其授权人：＿＿＿＿＿＿

　　　（签字或盖章）　　　　　　　（签字或盖章）

编制人：＿＿＿＿　审核人：＿＿＿＿　审定人：＿＿＿＿

（造价人员签字盖专用章）　（造价人员签字盖专用章）　（造价工程师签字盖专用章）

编制时间：　年月日　审核时间：　年月日　审定时间：　年月日

招标控制价目录

控制价（表-01）

控制价编制说明

工程名称：××市医院综合楼 　　　　　　第1页 共1页

一、工程概况：本工程为××市医院综合楼，建筑面积65635.16m²（其中地下8528.80m²，地上57106.36m²）。框剪结构，地下二层，地上25层（局部26层），室内外高差0.6米，各楼层层高：地下二层5.5米，地下一层4.8米，一层5米，二～五层4.7米，六层3.3米，七～二十五层3.8米，二十六层6米。工程所在地为市区内。施工图包括桩基、地下人防、建筑与装饰、电气、给排水、通风空调、消防、监控、电话等专业。

二、招标范围：土建主体、内墙抹灰、外墙装饰、电气、给排水、通风空调，具体内容详见工程量清单。本次招标不含桩基、人防工程战时内容、室内高级装修、监控、电话等专业工程。

三、工程质量要求：合格。

四、工期：招标文件要求860日历天。

五、控制价编制依据：

1. 工程图纸、有关图集规范。

2. 招标文件、招标工程量清单。

3.《××省建设工程工程量清单综合单价》（2008）。

4. 人工单价执行××省定额站发布7～9月份人工指导价，71元/工日。

5. 材料价格执行《××市建设工程造价信息》2014年4期（7～8月份）价格。

6. 管理费按×建设标〔2014〕29号文规定执行，管理费=原定额管理费+〔人工费指导价－定额工日单价〕×综合工日数×6%，即管理费调增〔71－43〕×6%＝1.68元/综合工日。

7. 安全文明费按×建设标〔2014〕57号文执行，安全生产费=综合工日×34×1.66×10.18%；文明施工措施费=综合工日×34×1.66×5.10%。

8. 规费按×建设标〔2014〕29号文规定执行，取消意外伤害保险0.6元/综合工日，增加工伤保险1.0元/综合工日，增加生育保险0.6元/综合工日。社会保障费7.48＋0.6＝8.08元/综合工日，改为7.48＋0.6＋1＝9.08元/综合工日。

9. 税金按×建设标〔2014〕16号文规定，纳税人在市区的税率3.477%计算。

控制价（表-02）

工程项目招标控制价汇总表

工程名称：××市医院综合楼工程

第 1 页 共 1 页

序号	名称	总造价（元）	其 中（元）						总价中含（元）				招标控制价（元）
			分部分项工程费	措施项目费	其他项目费	规费	税金	安全文明费（含税）	规费（含税）	专业暂估价			
1	××市医院综合楼	181175923.80	109963568.71	21800003.76	39366000.00	3958537.72	6087813.59	3276953.02	4096176.08	29716000.00			173802794.68
合计		181175923.80	109963568.71	21800003.76	39366000.00	3958537.72	6087813.59	3276953.02	4096176.08	29716000.00			173802794.68

注：1. 招标控制价＝总造价－安全文明费（含税）－规费（含税）；2. 其他项目费包括暂列金额 9500000 元，专业暂估价 29716000 元，总承包服务费 150000.00 元。

控制价（表-03）

单项工程招标控制价汇总表

工程名称：××市医院综合楼工程

序号	名称	总造价（元）	其　中（元）					总价中含（元）			招标控制价（元）
			分部分项工程费	措施项目费	其他项目费	规费	税金	安全文明费（含税）	规费（含税）	专业暂估价	
1	综合楼建筑装饰	141981395.80	75020418.28	19631231.82	39366000.00	3192933.70	4770812.00	2643171.41	3303952.01	29716000.00	136034272.40
2	综合楼电气	6504582.78	6074739.32	116005.3		95273.32	218564.84	78869.07	98585.97		6327127.74
……	……	……	……	……	……	……	……	……	……	……	……
合计		181175923.80	109963568.71	21800003.76	39366000.00	3958537.72	6087813.59	3276953.02	4096176.08	29716000.00	173802794.68

注：1. 招标控制价＝总造价－安全文明费（含税）－规费（含税）＋安全文明费（含税）＋规费（含税）。2. 其他项目费包括暂列金额 9500000 元，专业暂估价 2971600 元，总承包服务费 150000.00 元。

控制价（表-04）

单位工程招标控制价汇总表

工程名称：××市医院综合楼　建筑装饰　　标段：　　第1页　共1页

序号	汇 总 内 容	金额（元）	其中：材料暂估价（元）
1	分部分项工程	75020418.28	4816227.00
1.1	其中：综合工日	201053.24	
1.2	1）人工费	13858678.06	
1.3	2）材料费	50731417.81	4816227.00
1.4	3）机械费	2941781.36	
1.5	4）管理费和利润	7488541.05	
2	措施项目	19631231.82	
2.1	其中：1）技术措施费	17076875.38	
2.1.1	综合工日	95137.27	
2.1.2	①人工费	5882555.76	
2.1.3	②材料费	3976892.95	
2.1.4	③机械费	3725107.01	
2.1.5	④管理费和利润	3492319.66	
2.2	总价措施项目	2554356.44	
2.2.1	①安全生产费	1701789.83	
2.2.2	②文明施工措施费	852566.61	
3	其他项目	39366000.00	
3.1	暂列金额	9500000.00	
3.2	专业工程暂估价	29716000.00	
3.3	计日工		
3.4	总承包服务费	150000.00	
4	规费	3192933.70	
4.1	工程排污费		
4.2	社会保障费	2689409.83	
4.3	住房公积金	503523.87	
5	税金	4770812.00	
6	工程造价	141981395.80	4816227.00
6.1	其中：安全文明费（含税）	2643171.41	
6.2	规　　费（含税）	3303952.01	
	招标控制价＝（6）－（6.1）－（6.2）	136034272.40	

控制价（表-08）

分部分项工程清单与计价表

工程名称：××市医院综合楼　建筑装饰　　　　标段：　　　　　　　　第 1 页　共 1 页

序号	项目编码	项目名称	项目特征	计量单位	工程数量	金额（元）							综合工日
---	---	---	---	---	---	综合单价	合价	其中					
								人工费合价	材料费合价	机械费合价	管理费和利润合价	其中：材料暂估价	
1	010101002001	挖一般土方	基础大开挖（含挖桩间土），一、二类土，坑底标高-12.8，全部土方外运5km	m³	58179.08	27.53	1601670.07	577136.47	2327.16	912829.77	109376.67		6285.85
2	010502001001	矩形柱	现浇二～五层C50商品混凝土柱 500×500	m³	379.58	519.96	197366.42	41719.64	126848.04	546.6	28252.14		587.59
3	010807001001	金属（塑钢、断桥）窗	深灰色150系列铝合金明框6+12A+6浅灰色中空LOWE玻璃窗，各种窗规格详见施工图	m²	7409.58	678.18	5025028.96	118405.09	4852459.85	4668.04	49495.99	4816227	1667.16
4	011102003001	块料楼地面	六～二十二层护士更衣室 800×800 玻化地板砖楼面，做法见05YJ1-楼10	m²	322.32	96.33	31049.09	6907.32	20915.34	190.17	3036.25		98.37
		……											
		合　计					75020418.28	13858678.06	50731417.81	2941781.36	7488541.05	4816227	201053.24

控制价（表-08-1）

单价措施项目清单与计价表

工程名称：××市医院综合楼　建筑装饰　标段：　　　　　　　　　第 1 页 共 1 页

序号	项目编码	项目名称	项目特征	计量单位	工程数量	综合单价	金额（元）						
							合价	人工费合价	材料费合价	其中 机械费合价	管理费和利润合价	综合工日
1	011701001003	综合脚手架	地下室综合脚手架	m²	8528.80	18.14	154712.43	63966.00	51769.82	10405.14	28571.48	924.52
2	011701001004	综合脚手架	±0.00米以上综合脚手架	m²	57106.36	58.57	3344719.51	1225502.49	1442506.65	1302202.50	546507.87	17691.55
3	011702002001	矩形柱模板	现浇二～五层C50商品混凝土500×500柱	m³	379.58	361.94	137385.19	70339.97	28741.89	4418.31	33885.11	1000.19
			……									
	合 计						17076875.38	5882555.76	3976892.95	3725107.01	3492319.66	95137.27

控制价（表-09）

综合单价分析表

工程名称：××市医院综合楼 建筑装饰　　　标段：　　第1页 总7页

项目编码	010101002001		项目名称	挖一般土方	计量单位	m³	工程量	58179.1

<table>
<tr><th colspan="9">清单综合单价组成明细</th></tr>
<tr><th rowspan="2">定额编号</th><th rowspan="2">定额项目名称</th><th rowspan="2">定额单位</th><th rowspan="2">数量</th><th colspan="4">单价</th><th colspan="4">合价</th></tr>
<tr><th>人工费</th><th>材料费</th><th>机械费</th><th>管理费和利润</th><th>人工费</th><th>材料费</th><th>机械费</th><th>管理费和利润</th></tr>
<tr><td>1-9 R×1.5</td><td>人工挖土方一般土深度（m）7以上 桩间挖土（钻孔灌注桩，预制桩）：人工乘以系数1.5</td><td>100m³</td><td>0.00065</td><td>5067.59</td><td>0</td><td>0</td><td>746.1</td><td>3.29</td><td>0</td><td>0</td><td>0.48</td></tr>
<tr><td>1-9 R×2</td><td>人工挖土方一般土深度（m）7以上 配合机械挖土：人工乘以系数2</td><td>100m³</td><td>0.00094</td><td>6756.78</td><td>0</td><td>0</td><td>746.1</td><td>6.35</td><td>0</td><td>0</td><td>0.70</td></tr>
<tr><td>1-40</td><td>机械挖土汽车运土1km一般土</td><td>1000m³</td><td>0.00084</td><td>259.86</td><td>34.83</td><td>9488.13</td><td>481.28</td><td>0.22</td><td>0.03</td><td>7.97</td><td>0.40</td></tr>
<tr><td>1-46</td><td>装载机装土自卸汽车运土1km内</td><td>1000m³</td><td>0.00016</td><td>376.3</td><td>34.83</td><td>6755.35</td><td>370.31</td><td>0.06</td><td>0.01</td><td>1.08</td><td>0.06</td></tr>
<tr><td>1-47</td><td>自卸汽车运土运距每增加1km</td><td>1000m³</td><td>0.004</td><td>0</td><td>0</td><td>1658.78</td><td>60.85</td><td>0</td><td>0</td><td>6.64</td><td>0.24</td></tr>
<tr><td>人工单价</td><td colspan="4" style="text-align:center">小　计</td><td colspan="4"></td><td>9.92</td><td>0.04</td><td>15.69</td><td>1.88</td></tr>
<tr><td>71元/工日</td><td colspan="4" style="text-align:center">未计价材料费</td><td colspan="4" style="text-align:center">0</td></tr>
<tr><td colspan="5" style="text-align:center">清单项目综合单价</td><td colspan="4" style="text-align:center">27.53</td></tr>
<tr><td rowspan="3">材料费明细</td><td colspan="2" style="text-align:center">主要材料名称、规格、型号</td><td>单位</td><td>数量</td><td>单价（元）</td><td>合价（元）</td><td>暂估单价(元)</td><td>暂估合价(元)</td></tr>
<tr><td colspan="2" style="text-align:center">水</td><td>m³</td><td>0.0087</td><td>4.05</td><td>0.04</td><td></td><td></td></tr>
<tr><td colspan="2" style="text-align:center">材料费小计</td><td></td><td></td><td>—</td><td>0.04</td><td>—</td><td>0</td></tr>
</table>

综合单价分析表

工程名称：××市医院综合楼 建筑装饰　　　标段：　第2页　总7页

项目编码	010502001001	项目名称	矩形柱	计量单位	m³	工程量	379.58

清单综合单价组成明细										
定额编号	定额项目名称	定额单位	数量	单价				合价			
				人工费	材料费	机械费	管理费和利润	人工费	材料费	机械费	管理费和利润
4-16换	矩形柱柱断面周长（m）1.8以上，C20-40（32.5水泥）现浇碎石混凝土换为C50商品混凝土，最大粒径20mm	10m³	0.1	1099.08	3341.82	14.4	744.28	109.91	334.18	1.44	74.43
人工单价		小　计						109.91	334.18	1.44	74.43
71元/工日		未计价材料费						0			
清单项目综合单价								519.96			

	主要材料名称、规格、型号	单位	数量	单价（元）	合价（元）	暂估单价(元)	暂估合价（元）
材料费明细	水	m³	1.041	4.05	4.22		
	C50商品混凝土最大粒径20mm	m³	1.015	325	329.88		
	其他材料费			—	0.09	—	0
	材料费小计				334.18	—	0

综合单价分析表

工程名称：××市医院综合楼　建筑装饰　　标段：　第3页　总7页

项目编码	010807001001	项目名称	金属（塑钢、断桥）窗	计量单位	m²	工程量	7409.58

清单综合单价组成明细											
定额编号	定额项目名称	定额单位	数量	单价				合价			
				人工费	材料费	机械费	管理费和利润	人工费	材料费	机械费	管理费和利润
借4－53	成品铝合金窗安装推拉窗	100m²	0.01	1597.5	65489	62.95	667.8	15.98	654.89	0.63	6.68
人工单价		小　计						15.98	654.89	0.63	6.68
71元/工日		未计价材料费						0			
清单项目综合单价								678.18			

材料费明细	主要材料名称、规格、型号	单位	数量	单价（元）	合价（元）	暂估单价(元)	暂估合价(元)
	其他材料费	元	0.265	1	0.27		
	密封油膏	kg	0.3667	2	0.73		
	软填料	kg	0.3975	9.8	3.9		
	铝合金推拉窗（含玻璃、配件）深灰色150系列铝合金明框6＋12A＋6浅灰色中空LOWE玻璃窗	m²	1.00			650	650
	材料费小计			—	4.89	—	650

综合单价分析表

工程名称：××市医院综合楼 建筑装饰　　　标段：　第4页　总7页

项目编码	011102003001	项目名称	块料楼地面	计量单位	m²	工程量	322.32

清单综合单价组成明细										
定额编号	定额项目名称	定额单位	数量	单价				合价			
				人工费	材料费	机械费	管理费和利润	人工费	材料费	机械费	管理费和利润
借1-40	地板砖楼地面规格（mm）800×800	100m²	0.01	2142.78	6488.96	58.98	942.46	21.43	64.89	0.59	9.42
人工单价		小　计						21.43	64.89	0.59	9.42
71元/工日		未计价材料费						0			
清单项目综合单价								96.33			

	主要材料名称、规格、型号	单位	数量	单价（元）	合价（元）	暂估单价（元）	暂估合价（元）
材料费明细	水	m³	0.03	4.05	0.12		
	地板砖800×800	千块	0.0016	37500	60		
	其他材料费	元	0.0742	1	0.07		
	其他材料费			—	4.69	—	0
	材料费小计			—	64.89	—	0

综合单价分析表

工程名称：××市医院综合楼 建筑装饰　　标段：　第5页 总7页

项目编码	011701001003	项目名称	综合脚手架	计量单位	m²	工程量	8528.8

<table>
<tr><td colspan="12" align="center">清单综合单价组成明细</td></tr>
<tr><td rowspan="2">定额编号</td><td rowspan="2">定额项目名称</td><td rowspan="2">定额单位</td><td rowspan="2">数量</td><td colspan="4">单价</td><td colspan="4">合价</td></tr>
<tr><td>人工费</td><td>材料费</td><td>机械费</td><td>管理费和利润</td><td>人工费</td><td>材料费</td><td>机械费</td><td>管理费和利润</td></tr>
<tr><td>12-219</td><td>综合脚手架地下室二层及以上</td><td>100m²</td><td>0.01</td><td>749.76</td><td>607.45</td><td>122.46</td><td>334.74</td><td>7.5</td><td>6.07</td><td>1.22</td><td>3.35</td></tr>
<tr><td>人工单价</td><td colspan="3" align="center">小　计</td><td colspan="4"></td><td>7.5</td><td>6.07</td><td>1.22</td><td>3.35</td></tr>
<tr><td>71元/工日</td><td colspan="3" align="center">未计价材料费</td><td colspan="8" align="center">0</td></tr>
<tr><td colspan="4" align="center">清单项目综合单价</td><td colspan="8" align="center">18.14</td></tr>
</table>

	主要材料名称、规格、型号	单位	数量	单价(元)	合价(元)	暂估单价(元)	暂估合价(元)
材料费明细	其他材料费	元	0.6591	1	0.66		
	钢管脚手 Φ48×3.5	t	0.00041	5800	2.38		
	钢管底座	个	0.0096	4	0.04		
	钢管扣件直角	个	0.1005	5	0.5		
	钢管扣件对接	个	0.0119	5	0.06		
	钢管扣件回转	个	0.0018	5	0.01		
	竹脚手板 3000×330×50	m²	0.107	20	2.14		
	镀锌铁丝 8#	kg	0.0029	4.2	0.01		
	镀锌铁丝 18#	kg	0.0484	5	0.24		
	铁件	kg	0.0057	5.2	0.03		
	材料费小计	—			6.07	—	0

综合单价分析表

工程名称：××市医院综合楼　建筑装饰　　　标段：　　第6页　总7页

项目编码	011701001004	项目名称	综合脚手架	计量单位	m²	工程量	57106.4

				清单综合单价组成明细							

定额编号	定额项目名称	定额单位	数量	单价				合价			
				人工费	材料费	机械费	管理费和利润	人工费	材料费	机械费	管理费和利润
12-216	综合脚手架多、高层建筑物檐高（m）110以内	100m²	0.01	2145.62	2525.59	227.89	956.66	21.46	25.26	2.28	9.57
人工单价			小　计					21.46	25.26	2.28	9.57
71元/工日			未计价材料费				0				
清单项目综合单价							58.57				

主要材料名称、规格、型号	单位	数量	单价（元）	合价（元）	暂估单价（元）	暂估合价（元）
其他材料费	元	1.3742	1	1.37		
钢管脚手 Φ48×3.5	t	0.00185	5800	10.73		
钢管底座	个	0.0035	4	0.01		
钢管扣件直角	个	0.489	5	2.45		
钢管扣件对接	个	0.0973	5	0.49		
钢管扣件回转	个	0.0276	5	0.14		
竹脚手板 3000×330×50	m²	0.4946	20	9.89		
镀锌铁丝 12#	kg	0.0383	4.6	0.18		
材料费小计			—	25.26	—	0

（材料费明细）

综合单价分析表

工程名称：××市医院综合楼　建筑装饰　　标段：　第7页　总7页

项目编码	011702002001		项目名称		矩形柱	计量单位	m³	工程量	379.58

清单综合单价组成明细

定额编号	定额项目名称	定额单位	数量	单价				合价			
				人工费	材料费	机械费	管理费和利润	人工费	材料费	机械费	管理费和利润
12-74	矩形柱模板柱断面周长1.8m以上	10m³	0.1	1713.94	741.25	102.66	825.31	171.39	74.13	10.27	82.53
12-78	层高超高模板增加费每超高1m矩形柱	10m³	0.1	139.16	15.9	13.69	67.43	13.92	1.59	1.37	6.74
人工单价		小　计						185.31	75.72	11.64	89.27
71元/工日		未计价材料费						0			
清单项目综合单价								361.94			

	主要材料名称、规格、型号	单位	数量	单价（元）	合价（元）	暂估单价(元)	暂估合价(元)
材料费明细	其他材料费	元	1.166	1	1.17		
	模板料	m³	0.0102	1215	12.39		
	钢模板	t	0.0059	5100	30.09		
	零星卡具	kg	2.906	4.5	13.08		
	钢支撑	kg	2.164	4.2	9.09		
	拉杆螺栓	kg	1.039	6	6.23		
	其他材料费	—			3.66	—	0
	材料费小计	—			75.72	—	0

控制价（表-11）

总价措施项目清单与计价表

工程名称：××市医院综合楼　建筑装饰　　　标段：　　第1页　总1页

序号	项目编码	项目名称	计算基础	费率（%）	金额（元）	备注
1	011707001001	安全文明施工费			2554356.44	
2	1.1	安全生产费	（综合工日合计＋技术措施项目综合工日合计）×34×1.66	10.18	1701789.83	
3	1.2	文明施工措施费	（综合工日合计＋技术措施项目综合工日合计）×34×1.66	5.1	852566.61	
		合　　计			2554356.44	

注：按招标文件要求不计总价措施项目的月间施工增加费、材料二次搬运费、冬雨季施工增加费、
　　成品保护费等内容。

控制价（表-12）

其他项目清单与计价汇总表

工程名称：××市医院综合楼 建筑装饰 标段： 第1页 共1页

序号	项 目 名 称	金 额（元）	备 注
1	暂列金额	9500000.00	明细详见表-12-1
2	暂估价	29716000.00	
2.1	材料（工程设备）暂估价/结算价	—	明细详见表-12-2
2.2	专业工程暂估价/结算价	29716000.00	明细详见表-12-3
2.3	总承包服务费	150000.00	明细详见表-12-5
	合　　计	39366000.00	—

控制价（表-12-1）

暂列金额明细表

工程名称：××市医院综合楼 建筑装饰 标段： 第1页 共1页

序号	项 目 名 称	计量单位	暂定金额（元）	备 注
1	暂列金额	项	9500000.00	
	合　　计		9500000.00	

控制价（表-12-2）

材料（工程设备）暂估单价表

工程名称：××市医院综合楼　建筑装饰　　　标段：　　第1页　共1页

序号	材料（工程设备）名称、规格、型号	计量单位	数　量	暂估单价（元）	合　价（元）	备　注
1	铝合金推拉窗（含玻璃、配件）深灰色150系列铝合金明框6+12A+6浅灰色中空LOWE玻璃窗（洞口尺寸）	m²	7409.58	650.00	4816227.00	用于外墙窗
合　计					4816227.00	

控制价（表-12-3）

专业工程暂估价表

工程名称：××市医院综合楼　建筑装饰　　　标段：　　第1页　共1页

序号	工程名称	工程内容	暂估金额（元）	备　注
1	外墙保温，50厚钢丝网岩棉（A级）	保温层全活及相应措施	2560000.00	16000m²×160元/m²
2	外墙面干挂石材	钢骨架、干挂石材及相应措施	3348000.00	3720m²×900元/m²
3	外墙柱面干挂石材	钢骨架、干挂石材及相应措施	768000.00	800m²×960元/m²
4	外墙铝板墙面	钢骨架、铝板制安及相应措施	21030000.00	17525m²×1200元/m²
5	玻璃幕墙	深灰色150系列隐框玻璃，6+12A+6厚浅灰色中空LOW-E玻璃及相应措施	2010000.00	1675m²×1200元/m²
合　计			29716000.00	—

控制价（表-12-5）

总承包服务费计价表

工程名称：××市医院综合楼　建筑装饰　　标段：　　第1页　共1页

序号	项目名称	项目价值（元）	服务内容	计算基础	费率（%）	金额（元）
1	洁净区室内装修	3750000			4	150000.00
合　计						150000.000

控制价（表-13）

规费、 税金项目计价表

工程名称：××市医院综合楼　建筑装饰　　标段：　　第1页　共1页

序号	项目名称	计算基础	计算基数	计算费率（%）	金额（元）
1	规费	工程排污费＋社会保障费＋住房公积金			3192933.70
1.1	工程排污费	按实际发生额结算			
1.2	社会保障费	综合工日	综合工日	908	2689409.83
1.3	住房公积金	综合工日	综合工日	170	503523.87
2	税金	分部分项工程＋措施项目＋其他项目＋规费	分部分项工程＋措施项目＋其他项目＋规费	3.477	4770812.00
合　计					7963745.69

控制价（表-20）

发包人提供材料和工程设备一览表

工程名称：××市医院综合楼　建筑装饰　　　标段：　　第1页　共1页

序号	材料（工程设备）名称、规格、型号	单位	数量	单价（元）	交货方式	送达地点	备　注
1	800×800 玻化地板砖	千块	0.5157	37500		工地仓库	用于六～二十二层护士更衣室
	………						

控制价（表-21）

承包人提供主要材料和工程设备一览表
（适用造价信息差额调整法）

工程名称：××市医院综合楼　建筑装饰

序号	名称、规格、型号	单位	数量	风险系数（%）	基准单价（元）	投标单价（元）	备　注
1	C50 商品混凝土	m³	385.27		325.00		
	………						

第五章 投标报价编制

2013 年清单计价规范发布后，清单计价模式已成为一个计价体系，内容包括：

（1）住房和城乡建设部、财政部《建筑安装工程费用项目组成》的通知（建标〔2013〕44 号）；

（2）《建设工程工程量清单计价规范》（GB 50500—2013）1 本；

《建设工程工程量清单计算规范》—计量规范 9 本；

（3）各省建设主管部门颁发的建设工程工程量清单计价定额；

（4）《建设工程施工合同（示范文本）》（GF—2013—0201）；

（5）省级造价管理机构发布的人工费指导价、各地市造价管理机构发布的材料价格信息；

（6）各省建设主管部门下发的建设工程工程量清单招标评标办法。

2013 年清单计价规范的发布实施，标志着建设工程全过程实施清单计价的开始。作为投标企业，尽快放弃定额计价时投标报价的思路，弄清清单计价特点，掌握清单计价投标报价方法，是适应建筑市场发展的根本出路。但事实上，到目前为止，仍有不少企业在清单计价投标过程中，对如何报价心中无数，不掌握清单计价报价方法，不领会招标文件精神，甚至还用定额计价的报价方法。根据我们在××市多年来实施清单计价招投标的情况，现就在工程量清单计价招投标过程中，投标企业到底怎样报价简单叙述一下。

一、清单报价前的准备工作

投标报价的前期工作，主要是指确定投标报价之前的准备工作，主要包括：获得招标信息、研究招标文件、调查与项目相关的其他信息等。这一时期是为后面如何能够准确地确定报价的必要条件，往往有好多投标人对前期不重视，得到招标文件后把找各种社会关系放在第一位，编制投标文件放在其后。在编制过程中会出现缺这缺那，这不明白那不清楚，递交的投标文件资料不齐全，造成了无法挽回的损失。

1. 获得招标信息。

目前，建设项目的招标一般采用两种招标方式，即公开招标和邀请招标。建设项目招标的信息主要来源是当地的"建设工程交易中心"或"公共资源交易中心"的网站，交易中心会及时地发布工程招标信息。但是，如果投标人仅仅依靠从交易中心获取工程招标信息，就会在竞争中处于劣势。交易中心发布的主要是公开招标的信息，实际上在信息发布之前就应该主动地与招标人联系，阐明本企业的实力，让招标人做到心中有数。另外，对于邀请招标的项目，在邀请投标的信息发布时，招标人常常已经完成了考察及选择投标邀请对象的工作，此时投标人才去找招标人报名参加，已经错过了被邀请投标的机会。所以，投标人日常建立广泛的信息渠道是非常关键的。有时投标人从工程立项甚至从项目可行性研究阶段就开始跟踪，并根据自身的技术优势和施工经验为招标人提供合理化建议，获得招标人的信任。

投标人得到信息后，应及时表明自己的意愿，积极报名参加，并向招标人提交资格审查资料。投标人资料审查的资料主要包括：营业执照、资质证书、企业简历、技术力量、主要的机械设备、近几年内的主要施工工程情况及与投标同类工程的施工情况；在建工程项目及财务状况。

对资格审查的重要性投标人必须重视，经常有一些缺乏经验的投标人，尽管实力雄厚，但在投标资格审查时，由于对投标资格审查资料的不重视而在投标资格审查阶段就被淘汰。

2. 认真研究招标文件。

（1）研究招标文件有关条款。

为了在投标竞争中获胜，投标人应设立专门的投标机构，设置专业人员掌握市场行情及招标信息，时常积累有关资料，维护企业定额及人工、材料、机械价格系统。一旦取得招标文件后，则立刻可以研究招标文件、决定投标策略，根据企业掌握的类似工程消耗量指标及人工、材料、机械市场价格，编制施工组织设计及施工方案，计算报价。然后采用投标报价策略及分析决策报价，采用有限度的不平衡报价及报价技巧以防范风险，最后形成投标文件。在研究招标文件时，必须对招标文件的每句话、每个字都认认真真地研究，投标时要对招标文件的全部内容响应，尤其是对报价注意事项、商务标评标计分标准、废标条件的研究，要真正做到心中有数，如误解招标文件的内容，会造成不必要的损失。必须了解招标范围的具体内容，因在招标中经常会出现图纸、技术规范和工程量清单三者之间的范围、做法、具体内容和数量互相矛盾的现象。另外，招标人提供的工程量清单中的工程量，有的与实际按本省计价定额规定计算的工程量不完全一致，所以要认真研究工程量清单包括的工程内容及采取的施工方案，有时清单项目的工程内容是明确的，有时并不那么明确，要结合施工图纸、施工规范及施工方案才能确定。除此之外对招标文件规定的工期、投标书的计价格式、签署方式、密封方法，投标的截止日期要牢牢熟记，并形成备忘录，避免由于失误而造成不必要的损失。

（2）研究商务标评标办法。

评标办法是招标文件的重要组成部分，尤其是采用综合计分法评标的，商务标是决定投标人中标与否的关键。作为投标人，要想商务标得高分，就要研究商务标评标办法，掌握清单计价的报价原则和计分原理，才能提高自己中标的概率。

清单计价报价原则：

①自主报价，是指在一定范围内自主报价，绝不是随意自由报价。

②总报价不得超过招标控制价。

③报价数据必须前后对应，不得出现投标报价与计算的报价不一致的情形，即不能出现定额计价时的再次让利情况。

④总报价让利应结合商务标评标办法拟定，最好不要明显低于平时的让利，致使总报价明显低于其他投标人的报价且可能低于其个别成本。

⑤为了降低成本，给自己低报价找理由，故意采取固定资产不折旧（或已提够折旧）、某种材料尚有剩余不计材料费、周转材料不摊销（或已摊销完毕）等不符合常理的措施，是坚决不允许的。

⑥不得改变其他项目清单中暂列金额、专业暂估价数额和填写的位置。

⑦材料暂估价、招标人拟供的材料不得让利。

⑧不得改变招标人下发的工程量清单中的任何内容；若发现清单工程量有错误，千万不要修改，是采取不平衡报价的大好时机，但要有个限度，一般不超过招标控制价中该综合单价的15%，具体视招标文件中关于商务标的评标计分办法确定。

⑨必须保证综合单价中的材料与承包人提供的材料价格表中的价格一致。

⑩单价措施费计价与分部分项工程量清单相同；总价措施费让利要在保证工程质量与安全的情况下进行，绝对不能为了降低报价出现总价措施费为"零"或很低的情况（有的仅计算1元）。

研究商务标评标计分原理。以××工程的总价与综合单价评分办法为例：

工程量清单总报价（40分）

评标基准值＝（业主报价＋有效投标企业报价算数平均值）÷2

其中：业主报价＝招标控制价×F

F值为97%或96%，具体数值由招标人在开标时现场抽取确定。

有效投标企业报价算数平均值：若有效投标单位数小于5家（含5家）时，全部算术平均值作为有效投标企业报价算数平均值；6～7家时，以扣一个最高报价后的算术平均值作为有效投标企业报价算数平均值；若投标单位数为8～11家时，以扣一个最高和一个最低报价后算术平均值作为有效投标企业报价算数平均值；若投标单位数为12～20家时，以扣两个最高和一个最低报价后算术平均值作为有效投标企业报价算数平均值；若投标单位数为20家以上时（不含20家），则以扣两个最高和两个最低报价后算术平均值作为有效投标企业报价算数平均值。

（1）总报价低于评标基准值的×96%或大于业主报价时均得8分，且不再按下述第（2）条计算此项得分；

（2）工程量清单总报价在评标基准值下浮4%（含4%）范围之内的最低报价A得40分，范围之内的其他报价得分按以下公式计算：

$$总报价得分＝40－\{（本企业投标总价－A）÷A\}×100×3$$

从该评分办法可以看出：

①在目前没有办法核算企业报价到底是否低于其成本的情况下，让业主报价（招标控制价×F）参加评标基准值的计算，如果企业报价过低或过高，则又有总报价低于评标基准值的×96%或大于业主报价时均得8分的限制，所以该办法起到三个作用：增加评标基准值的不确定性、有效遏制了企业为了竞争而采取过低报价或让利很少的情况、增加了企业围标串标难度。如果企业非要采取让利很少或过低报价进行投标，则几乎没有中标的机会。

②分析F值为97%或96%，具体数值由招标人在开标时现场抽取确定，和（1）＋（2）两条计分办法，在一般情况下，如果报价低于9%或10%以后，很可能就超出了评标基准值下浮4%（含4%）的范围，即为总报价低于评标基准值的×96%，因得分少而不会中标。

③此总价评分办法的最大优点，就是评标基准值不只是有效投标企业报价的算数平均值，计分标准也不是接近投标企业报价的算数平均值得高分。所以投标人不用找其他投标人搞"联合"，无形之中降低了投标成本，可以把心思全部用在本企业的投标上去，增加

了中标的机会。

分部分项工程量清单项目综合单价（全部参评，共30分）

以各有效投标人的清单项目综合单价的算术平均值作为评标基准价，且其计算方法如下：若有效投标单位数小于5家（含5家）时，全部算术平均值作为有效投标企业报价算数平均值；6~7家时，以扣一个最高报价后的算术平均值作为有效投标企业报价算数平均值；若投标单位数为8~11家时，以扣一个最高和一个最低报价后算术平均值作为有效投标企业报价算数平均值；若投标单位数为12~20家时，以扣两个最高和一个最低报价后算术平均值作为有效投标企业报价算数平均值；若投标单位数为20家以上时（不含20家），则以扣两个最高和两个最低报价后算术平均值作为有效投标企业报价算数平均值。

在评标基准价90%~105%范围内的综合单价的得分：以该项清单项目合价平均值占清单项目费合价基准值的比重×30来确定，即每项得分=（该项清单项目合价均值/清单项目费合价基准值）×30；超出该范围的项不得分。

该评分办法特点是：

①对于某项清单综合单价来说，只要投标人的报价在评标基准价90%~105%范围内，得分都一样，所以不用围"评标基准价"，不用找其他投标人联合，降低了投标成本，避免或减少围标串标的发生。

②从90%~105%范围可以看出，平均范围不是对称的（如95%~105%是对称的），应尽量采取合理低价报价，使不出该范围的概率增大，得分的机会就多。

③不是所有的清单让利都一样，如果有暂估价或招标人拟供的材料时，因风险由招标人承担，所以投标人不得让利。若招标人下发的工程量清单有误，应先确定不平衡报价的让利范围：对于清单工程量多算的，综合单价应尽量报低，即让利幅度尽量大，这样至竣工结算时核减的造价就少；对于清单工程量少算的，综合单价应尽量报高，即让利幅度尽量小，竣工结算时增加的造价就多；这样的报价方法对投标人是非常有利的。

但目前部分省市的评分办法中，不管是清单项目全部参评还是抽取几十项参评，都是接近评标基准价的得满分，即

以该项清单综合单价合价基准值占全部清单项目费基准值的比重×30来确定，计算公式为：

p（评审项目项得分）=该项清单综合单价合价比重×30×（1－│评标基准价－投标报价│/评标基准价）；分布分项工程量清单项目得分为∑p

该办法的最大缺点是：正偏离、负偏离得分一样，即接近评标基准价（各投标人的算术平均值）的得分最高，致使投标人围绕"评标基准价"去投标，不围标、串标就没有中标机会，导致投标人围标、串标的现象愈演愈烈。

（3）研究合同主要条款。

从合同的性质方面来讲，投标时不用考虑合同怎么签订，因你不知道自己是否能中标。但从现实情况看，许多招标代理公司把合同作为招标文件的组成部分发给投标人，作为投标人就要去研究其中的工程款支付办法、最终结算办法等条款，以决定本公司是否继续投标。如果招标文件中没有附带合同，但招标文件中也有工程款支付办法、工期、质量要求等与价格有关的条款，不管谁中标，都是要写进施工合同中的。因双方最终的约定都要体现在合同上，所以投标人要特别重视与合同有关的条款。主要从以下几方面进行分

析：一是价格，主要看清单综合单价、合同总价的调整，能不能调，如何调，根据工期和工程的实际预测价格风险；二是分析工期及违约责任，根据招标文件要求的工期、本公司施工类似工程的经验，编制的施工方案或施工组织设计能不能按期完工，如完不了会有什么违约责任，工程有没有可能会发生变更，如对地质资料、招标人资金来源的充分了解等；三是分析付款方式，这是投标人能不能保质保量按期完工的条件，有许多工程由于招标人不按期付款而出现了停工的现象，给双方造成了损失。因此投标人要对各个因素进行综合分析，并根据权利义务进行对比分析，只有这样才能很好地预测风险，并能采取相应的对策。

3. 建立完善的企业询价体系。

实行工程量清单计价后，要求投标人自由组价（在一定限度内），投标人在日常的工作中必须建立完善的、符合市场实际的价格体系，积累一部分人工、材料、机械台班和劳务分包的价格信息。除此之外在编制投标报价时进行多方询价，询价的内容主要包括材料市场价、人工当地的行情价、机械设备的租赁价、分部分项工程的分包价等。

材料市场价：材料和设备在工程造价中常常占总造价的60%左右，对报价影响很大，因而在报价阶段对材料和设备市场价要十分谨慎。对于任一项建筑工程，涉及的材料品种规格一般都在几百种甚至上千种，要对每一种材料在有限的投标时间内都进行询价有点不现实，必须对材料进行分类，分为主要材料和次要材料，主要材料是指对工程造价影响比较大的，还要进行多方询价并进行行判比分析，选择满足施工质量要求的合理的价格。由于随着时间的推移材料价格在不断变化，不能只看当时的建筑材料价格，要做到对不同渠道询到的价格有机的综合，并能分析今后材料价格的变化趋势，确定综合方法及预测价格变化把风险变为具体值加到价格上。对于次要材料投标人应建立材料价格信息库，按库内的材料价格分析市场行情及未来预测，用系数的形式进行整体调整，不需临时询价。

人工费市场价：人工消耗量是建筑行业唯一能创造利润，反映企业管理水平的指标。人工费市场价的高低，直接影响到投标人个别成本的真实性和竞争性。人工消耗量及价格应是企业内部人员水平及工资标准的综合，从表面上看没有必要询价，但应知道现行计价定额规定的消耗量是不能随意改变的，相当一部分子目与施工中的实际消耗量有很大出入。从近几年市场的实际情况来看，计价定额中的人工单价远远低于市场价格，但计价定额中人工消耗量又远远高于实际消耗量。所以投标企业必须按定额消耗量×定额人工单价后，再与市场上的承包价比较，因目前的钢筋、混凝土、模板、架子、抹灰项目等都已专业承包化。了解和掌握当地市场人工工资水平和各工种承包价格，对投标人来说是非常重要的，是投标人报价中计算实际人工成本的主要参考指标。

机械设备的租赁价：机械设备是以折旧摊销的方式进入报价，进入报价的多少主要体现在机械设备的利用率及机械设备的完好率上。机械设备除与工程数量有关外还与施工工期及施工方案有关，对于工期较短的项目，租赁设备要比购买新的节省费用，但对于工期较长的项目，租赁就不如购买新设备划算。进行机械设备租赁价的询价分析，可以判定购买机械还是租赁机械，确保投标人资金的利用率最高。

劳务分包询价：总承包的投标人一般都用自身的管理、信誉和资金优势，通过投标获得大中型工程，再将一部分（钢结构的制作安装、玻璃幕墙的制作和安装、电梯的安装、特殊装饰），分包给专业分包人去完成，或采用当地劳务价格优势实行劳务分包。不仅分包价款的高低会影响投标人的报价，而且对投标人的施工方案及技术措施有直接的关系。因此，必须在投标报价前对施工方案及施工工艺进行分析，确定分包范围，确定分包价。有些投标人为了能够准确确定分包价，采用先分包、后报价的策略。不然会造成报高了中不了标，报低了按中标价分包不出去的现象。

4. 调查落实与项目相关的其他事项。

投标报价之前，必须准备与报价有关的所有资料，准备的资料是否充分，直接影响到投标报价成败。除了前面所说的准备工作外，还要掌握：设计文件、施工规范、本省计价定额及计价办法方面的规定；拟建工程的现场情况、地质资料及周围环境情况；投标对手的情况及对手常用的投标策略；招标人的情况及资金情况等。所有这些都是确定投标策略的条件，只有全面地掌握第一手资料才能快速准确地确定投标策略。

（1）掌握全面的设计文件。

招标人提供给投标人的工程量清单是按设计图纸及规范规则编制的，可能未进行图纸会审，尤其是需要二次深化设计的专业项目，在施工过程中不免会出现这样那样的问题，这就是我们说的设计变更，所以投标人在投标之前就要对施工图纸结合工程实际进行分析，可以分析出部分清单项目在施工过程中有无发生变化的可能性，对于不变的内容报价要适中，对于有可能增加工程量的报价要偏高，有可能降低工程量的报价要偏低等，只有这样才能降低风险，获得最大的利润。

（2）实地勘察施工现场。

投标人应该在编制施工方案之前对施工现场进行勘察，对现场和周围环境及与此工程有关的可用资料进行了解和勘察。实地勘察施工现场主要从以下几方面进行：施工场地的大小、周围环境、水文和气候条件；为工程施工和竣工以及修补其任何缺陷所需的工作和材料的范围和性质；进入现场的交通条件以及投标人需要的住宿条件；等等。

（3）调查与拟建工程有关的环境。

投标人不仅要勘察施工现场，在报价前还要详尽了解项目所在地的环境，包括政治形势、经济形势、法律法规和风俗习惯、自然条件、生产和生活条件等。对政治形势的调查应着重工程所在地和投资方所在地政治的稳定性；对经济形势的调查应着重了解工程所在地和投资方所在地的经济发展情况，工程所在地金融方面的换汇限制、官方和市场汇率、主要银行及其存款和信贷利率、管理制度等。对自然条件的调查应着重工程所在地的水文地质情况、交通运输条件、气候状况如何等；对法律法规和风俗习惯的调查应着重工程所在地政府对施工的安全、环保、时间限制等各项管理规定，宗教信仰和节假日等；对生产和生活条件的调查应着重施工现场周围情况，如道路、供电、给排水、通信是否便利，工程所在地的劳务和材料资源是否丰富，生活物资的供应是否充足等。

（4）调查招标人与竞争对手。

对招标人的调查应着重以下几个方面：第一，资金来源是否可靠，避免承担过多的资金风险；第二，项目开工手续是否齐全，提防有些发包人以招标为名，让投标人提供不合理的、超出规定的投标保证金；第三，是否有明显的授标倾向，招标是否仅仅是出于政府的压力而不得不采取的形式。

对竞争对手的调查应着重从以下几方面进行。首先，了解参加投标的竞争对手有几个，其中有威胁性的都是哪些，特别是工程所在地的承包人，可能会有评标优惠；其次，根据上述分析，筛选出主要竞争对手，分析其以往同类工程投标方法，惯用的投标策略，开标会上提出的问题等。投标人必须知己知彼才能制定切实可行的投标策略，提高中标的可能性。

二、投标报价的编制

从 2003 年清单计价规范、2008 年清单计价规范直到 2013 年清单计价规范都规定了"投标总价应当与分部分项工程费、措施项目费、其他项目费和规费、税金的合计金额一致"。本条是清单计价报价的主要特征，即要求数据的前后一致性，不像定额计价报价那样，按预算定额及相应的规定先计算出造价，总价再让利即为报价，因此预算价与报价是不相等的，这是因为预算定额计价报价的特点是总价让利，而清单计价报价让利是在每项清单单价中，最后的合价即为报价，这个价格是不能进行再让利的，所以预算价与报价是相等的，若用公式表示，清单计价报价的特点是：

建设项目总报价 = Σ各单项工程报价

单项工程报价 = Σ各单位工程报价

单位工程报价 = 工程量清单项目费 + 措施项目费 + 其他项目费 + 规费 + 税金

根据工程造价形成过程及清单计价报价特征，从理论上讲，报价时应该先确定单价，最后确定总价，但实际上因企业的投标目的是中标，往往是先确定总价，然后再确定清单的各项报价，具体正确的报价过程应该是：

1. 研究招标文件。

确定参与投标并获取招标文件后，首先，要细致研究招标文件，研究招标文件的评计分标准和相关条款。其次是研究竞争对手的情况。再是分析工程的具体情况，确定报价策略。

2. 核实清单工程量，拟定综合单价报价方案。

清单计价的特点是单价的表现形式为综合单价，但它并不是实际的施工单价，是工程计价的表现方式。投标人必须按招标工程量清单进行组价，并按综合单价的形式进行报价。但投标人在按招标工程量清单组价时，必须把施工方案及施工工艺造成的工程增量以价格的形式包括在综合单价内。有经验的投标人在计算施工工程量时，就对工程量清单项目特征描述、工程量进行审核，这样可以知道招标人提供的特征描述、工程量的准确度，为投标人不平衡报价及结算索赔做好伏笔。所以，当投标人拿到招标文件后，首先核实业主下发的工程量，检查清单工程量是否有错误，并记录错误问题，以制定单价报价策略（对于少算的量，单价要报高一些，多算的量，单价要报高一些，作为投标人一定注意：发现清单量错了千万不要擅自修改），即根据招标人下发的工程量清单的准确程度来决定不平衡报价的幅度，不然会造成分析不到位。由于误解或错解造成的报价不全的损失招标人是不承担的。

由于计价定额中的工程量计算规则并不完全与 13 清单计价规范一致，因此，在核实清单工程量的同时还要按计价定额规定计算工程量。

3. 拟定招标控制价。

现在按规定招标控制价都提前公布了，为什么还要拟定招标控制价？

河南省住房和城乡建设厅关于发布《河南省建设工程工程量清单招标控制价管理规

定》的通知（豫建设标〔2010〕24 号）第六条规定：

清单招标控制价应作为招标文件的组成部分，应在开标之日 7 天前公布。公布的内容应包括总价；各专业造价；各部分项的单价和合价；主要材料价格；各种措施费的单价与合价；各项其他项目费，各项规费，税金，风险费用及相应的内容、幅度和计算说明。不得只公布招标控制价总价。

招标人或其他任何部门不得对根据国家和省计价依据编制的招标控制价自行上调或下浮。

但是在实际操作过程中，相当一部分招标单位公布招标控制价时只公布一个总数。有时招标人为了压低造价，编制招标控制价时有以下几种不正常情况：①按 08 计价定额及当前市场价格信息计算出合理的造价后，再下降一个系数，如预算价 ×0.95；②将材料价格比市场价格降 10% 后进入预算；③向施工企业发的工程量清单是正确的，但业主在套定额子目时故意少套几项，已达到降低总价的目的；④降低、篡改图纸装饰标准（不向投标人公开）来降低总价。

所以投标人应依据前面所讲招标控制价的编制方法，按规定计算招标控制价。等招标控制价公布后，根据招标控制价的高低，判定、比较所公布的控制价是否合理，以便确定总价让利比例，并确定是否投诉，同时制定后期索赔方案。

4. 分析工程量清单内容是否完整。

前面已核实了清单工程量，同时还要详细分析项目特征描述是否准确、全面，比较计算工程量与清单工程量的差距，以便制定具体的单价报价方案，并结合施工组织设计，拟定采用措施项目的方法，确定总的报价方案。

5. 具体报价步骤。

确定总价让利比例→其他项目费的报价→措施项目费报价→分部分项工程量清单项目费（尤其是材料单价）→规费、税金报价→调整单价中的管理费与利润。

确定总价让利比例　按已经公布的招标控制价和招标文件中对总价评计分条件来确定的总价让利比例，并拟定总报价数额。先按该比例确定造价较小的单位工程造价金额，而后，用拟定的总报价数据减去已经确定的造价较小的单位工程造价金额，得出造价较大的单位工程造价应拟报金额。

其他项目费报价：其他项目费中的暂列金额、暂估价属于招标人部分，是不允许改动的，投标人按照招标人给定的数值填写；计日工、总承包服务费属于投标人部分，但因占造价比重很小，是否让利投保人自己确定，一般不让利（作为招标人下发工程量清单时，最好没有计日工）。

措施项目费中的总价措施费是典型的竞争性费用，且其受材料价格变化的影响很小。评计分办法一般是最高报价得低分，最低报价得高分。在绝对保证质量安全的情况下，根据企业自己的技术水平确定让利比例，绝不可大幅度随意让利。

分部分项工程量清单项目费报价主要是确定人、材、机单价，依据评分办法、结合工程情况、估计市场价格走向、考虑一定风险在合理的范围内调整人、材、机价格。分析主要材料价格在本招标工程施工期内有的价格走向趋势，并考虑材料价格的一定风险后确定，人工费参照河南省定额站发布的信息价并结合企业实力自行确定，机械费一般按本省现行计价定额及计价办法规定的标准执行。

规费、税金一般按现行计价依据规定计算。

确定总报价　通过上面的几个步骤已计算出总报价，但不一定达到你理想的报价，还要反复调整材料单价、利润、管理费，一般要调整 2 ~ 3 次，以最终达到理想的单位工程报价金额。

6. 汇总单位工程报价形成单项工程费用，汇总单项工程费用形成招标项目总报价。

7. 制作电子数据文件。

根据招标文件要求，提交投标文件的同时，还要提交与报价内容相符的电子数据文档。提供电子文档应满足《河南省工程造价软件数据交换标准》（DBJ 41/T087—2008）和介质为 CD‑R 光盘并与标书正本一起密封。

8. 标书装订。

为了便于评标和中标后的工程后期管理，标书的装订应满足招标文件的要求。

（1）招标为一个单项工程时投标标书装订顺序为：封面—扉页—目录—总说明—投标总价表—单项工程费汇总表—各单位工程费汇总表（该表的前后顺序按单项工程费汇总表中的序号）—分部分项工程量清单与计价表（该表的前后顺序同各单位工程费汇总表）—单价措施项目清单与计价表（顺序同前表）—综合单价分析表（该表的前后顺序同各单位工程费汇总表）—总价措施项目清单与计价表—其他项目清单与计价表（及附表）—规费、税金项目计价表—发包人提供材料和工程设备一览表—承包人提供材料和工程设备一览表（该表的前后顺序同各单位工程费汇总表）。单位工程装订顺序与招标工程量清单一致。

（2）招标工程项目为有多个单项工程时，投标标书的装订可根据单项工程的个数（n 个），装订成（n + 1）册标书。分总册、第一分册……第 n 分册，并在标书封面上注明总册、第一分册……第 n 分册的字样。

总册内容包括：投标函、封面、投标总价表、工程项目总价表、各单项工程费汇总表以及招标文件要求需装订在总册的内容（如综合标）。

分册装订与单项工程的要求相同。

总之，按照清单计价规范要求，招标人承担工程量的风险，投标人承担价格的风险，投标报价时要特别注意：内容组成应合理、报价数据应前后一致、数据计算准确、按规定计算的费用（安全文明、规费、税金）应符合我省及国家规定；不能二次让利，优惠应体现在综合单价中；在发现业主工程量有误的情况下，适当采用不平衡报价；在遵循优先中标的前提下，充分考虑施工过程中人工、材料费上涨因素，考虑施工期间索赔、竣工结算，以达到企业利润最大化。

9. 投标报价表格应用。

投标报价表格应包括：

封面：封-3

扉页：扉-3

目录：目录-01

报价编制说明：表-01

工程项目投标报价汇总表：表-02

单项工程投标报价汇总表：表-03

单位工程投标报价汇总表：表-04

分部分项工程清单与计价表：表-08

单价措施项目清单与计价表：表-08-1

综合单价分析表：表-09

总价措施项目清单与计价表：表-11

其他项目清单与计价汇总表：表-12

暂列金额明细表：表-12-1

材料（工程设备）暂估单价表：表-12-2

专业工程暂估价表：表-12-3

总承包服务费计价表：表-12-5

规费、税金项目计价表：表-13

发包人提供材料和工程设备一览表：表-20

承包人提供主要材料和工程设备一览表：表-21

三、报价技巧

投标技巧是指在投标报价中采用既能招标人可以接受，而中标后能获得更多的利润的投标手段。投标人在工程投标时，主要应该在先进合理的技术方案和较低的投标价格上下功夫，以争取中标。

常见不平衡报价法，不平衡报价法是指一个工程项目的投标报价，在总价基本确定后，调整内部各个项目的报价，以既不提高总价，不影响中标，又能在结算时得到更理想的经济效益。

1. 能够早日结算的项目，如前期措施费、基础工程、土石方工程等可以报得较高，以利资金周转。后期工程项目如设备安装、装饰工程等的报价可适当降低。

2. 通过核实清单工程量，预计今后工程量会增加的项目，单价适当提高，这样在最终结算时可多赚钱，而将工程量有可能减少的项目单价降低，工程结算时损失不大。

3. 设计图纸不明确，估计修改后工程量要增加的，可以提高单价，而工程内容说不清楚且不确定由谁施工的，则可以降低一些单价。

4. 暂定项目又叫任意项目或选择项目，对这类项目要作具体分析。因这一类项目要开工后由发包人研究决定是否实施，由哪一家投标人实施。如果工程不分包，只由一家投标人施工，则可提高单价，不确定由谁施工的则应该低些。如果工程分包，该暂定项目也可能由其他投标人施工时，则不宜报高价，以免抬高总报价。

5. 招标文件要求投标人提供报"清单项目综合单价分析表"，投标时可将单价分析表中的人工费及机械设备费报得较高，而材料费可以报较低。这主要是为了在今后补充项目报价可以参考选用"清单项目综合单价分析表"中的较高的人工费和机械费，而材料则往往采用市场价，因而可获得较高的收益。

6. 其他项目中的计日工，是零星项目，招标人不可能罗列数量过大，即使投标人高报价，对总价影响也很小，实际施工量增加，会带来较高收益，即使不发生，业主扣回原报价的金额，投标人损失也不大。

7. 总承包服务费，在招标阶段已经确定需要分包，实施阶段由总承包人施工的可能性很小，即使高报总承包服务费，占总价比例仍然很小，所以，总承包服务费报价要高一些，但不能超过招标控制价中的总承包服务费数额。

虽然不平衡报价对投标人可以降低一定的风险，但报价必须要建立在对工程量清单表中的工程量风险仔细核对的基础上，特别是对于降低单价的项目，如工程量一旦增多，将造成投标人的重大损失，同时一定要控制在合理幅度内，一般控制在 10% 以内，以免引起招标人反对，甚至导致个别清单项报价不合理而废标。如果不注意这一点，有时招标人会挑选出报价过高的项目，要求投标人进行单价分析，而围绕单价分析中过高的内容压价，以致投标人得不偿失。

附：投标报价实例

投标报价实例

投标报价（封-03）

<u>　　　　××市医院综合楼工程　　　　</u>　工程

投 标 总 价

投 标 人：<u>　　　　　　　　　　　　　　</u>

（单位盖章）

年　　月　　日

投标报价（扉-03）

投 标 总 价

招 标 人：_____

工 程 名 称：××市医院综合楼_____

投标总价（小写）：167398577.02_____

　　　　　（大写）：壹亿陆仟柒佰叁拾玖万捌仟伍佰柒拾柒元零贰分

投 标 人：_____
　　　　　　　　（单位盖章）

法定代表人
或其授权人：_____
　　　　　　　　（签字或盖章）

编 制 人：_____
　　　　　　　　（造价人员签字盖专用章）

编 制 时 间：　　　年　　月　　日

投标报价目录

投标报价（表-01）

投标报价编制说明

工程名称：××市医院综合楼　　　　　　　　　　　第1页　共1页

一、**工程概况**：本工程为××市医院综合楼，建筑面积65635.16m²（其中地下8528.80m²，地上57106.36m²）。框剪结构，地下二层，地上25层（局部26层），室内外高差0.6米，各楼层层高：地下二层5.5米，地下一层4.8米，一层5米，二~五层4.7米，六层3.3米，七~二十五层3.8米，二十六层6米。工程所在地为市区内。施工图包括桩基（不在本次招标范围内）、地下人防、建筑与装饰、电气、给排水、通风空调、消防、监控、电话等专业。

二、**工程质量要求**：合格。

三、**投标工期**：按招标文件要求860日历天。

四、**投标价编制依据**：

　　1. 工程图纸、有关图集规范。

　　2. 招标文件、招标工程量清单。

　　3. 参考《××省建设工程工程量清单综合单价》（2008）。

　　4. 人工单价按71元/工日。

　　5. 材料价格执行《××市建设工程造价信息》2014年4期（7~8月份）价格。

　　6. 管理费按×建设标〔2014〕29号文规定执行。

　　7. 安全文明费、规费依据招标文件要求暂不计算，中标后按控制价金额计入合同价。

投标报价（表-02）

工程项目投标报价汇总表

工程名称：××市医院综合楼工程

序号	名　称	总报价（元）	其　中（元）					总报价中含专业暂估价（元）	总报价中含暂列金额（元）
			分部分项工程费	措施项目费	其他项目费	规费	税金		
1	综合楼	167398577.02	105823942.70	16583762.59	39328500.00		5624871.73	29716000.00	9500000.00
	合　计	167398577.02	105823942.70	16583762.59	39328500.00		5624871.73	29716000.00	9500000.00

注：按招标文件规定，规费、安全文明费不进入报价。

投标报价（表-03）

单项工程投标报价汇总表

工程名称：××市医院综合楼工程

序号	名　称	总报价（元）	其　中（元）					总报价中含专业暂估价（元）	总报价中含暂列金额（元）
			分部分项工程费	措施项目费	其他项目费	规费	税金		
1	综合楼建筑装饰	131317626.50	72019601.55	15557033.47	39328500.00		4412494.17	29716000.00	9500000.00
2	综合楼电气	6143875.04	5831749.75	105680.83	……		206444.46	……	
	……								
	合　计	167398577.02	105823942.70	16583762.59	39328500.00		5624871.73	29716000.00	9500000.00

注：按招标文件规定，规费、安全文明费不进入报价。

投标报价（表-04）

单位工程投标报价汇总表

工程名称：××市医院综合楼　建筑装饰　　标段：　　第 1 页　共 1 页

序号	汇 总 内 容	金额（元）	其中：暂估价（元）
1	分部分项工程	72019601.55	4816227.00
1.1	其中：综合工日	201053.24	
1.2	1）人工费	13858678.06	
1.3	2）材料费	50731417.81	4816227.00
1.4	3）机械费	2941781.36	
1.5	4）管理费和利润	4487724.32	
2	措施项目	15557033.47	
2.1	其中：1）技术措施费	15557033.47	
2.1.1	综合工日	95137.27	
2.1.2	①人工费	5882555.76	
2.1.3	②材料费	3976892.95	
2.1.4	③机械费	3725107.01	
2.1.5	④管理费和利润	2872477.75	
2.2	总价措施项目	2554356.44	
2.2.1	①安全生产费		
2.2.2	②文明施工措施费		
3	其他项目	39328500.00	
3.1	暂列金额	9500000.00	
3.2	专业工程暂估价	29716000.00	
3.3	计日工		
3.4	总承包服务费	112500.00	
4	规费		
4.1	工程排污费		
4.2	社会保障费		
4.3	住房公积金		
5	税金	4412494.17	
6	工程造价	131317626.50	4816227.00

投标报价（表-08）

分部分项工程清单与计价表

工程名称：××市医院综合楼 建筑装饰　标段：　　　　　　　　　　　　　　　　　　　　　　　第 1 页 共 1 页

序号	项目编码	项目名称	项目特征	计量单位	工程数量	综合单价	合价	金额（元）					综合工日
								其中					
								人工费合价	材料费合价	机械费合价	管理费和利润合价	其中：暂估价	
1	010101002001	挖一般土方	基础大开挖（含挖桩间土），一、二类土，坑底标高 −12.8，全部土方外运 5km	m³	58179.08	26.53	1543490.99	577136.47	912829.77	2327.16	45379.68		6285.85
2	010502001001	矩形柱	现浇二～五层 C50 商品混凝土柱	m³	379.58	499.16	189471.15	41719.64	126848.04	546.6	20356.88		587.59
3	010807001001	金属（塑钢、断桥）窗	深灰色 150 系列铝合金明框 6＋12A＋6 浅灰色中空 LOWE 玻璃窗，各种窗规格详见施工图	m²	7409.58	677.09	506952.52	118405.09	4852459.85	4668.04	42901.47	4816227	1667.16
4	011102003001	块料楼地面	六～二十二层更衣室 800×800 地板砖楼面，做法见 05YJ1－楼 10	m²	322.32	92.48	29808.15	6907.32	20915.34	190.17	1795.32		98.37
			……										
		合　计					72019601.55	13858678.06	50731417.81	2941781.36	4487724.32	4816227	201053.24

投标报价（表-08-1）

单价措施项目清单与计价表

工程名称：××市医院综合楼　　建筑装饰　标段：　　　　　　　　　　　　　　　　　第 1 页 共 1 页

序号	项目编码	项目名称	项目特征	计量单位	工程数量	综合单价	合价	金额（元）				综合工日
								其中				
								人工费合价	材料费合价	机械费合价	管理费和利润合价	
1	011701001003	综合脚手架	地下室综合脚手架	m²	8528.80	16.53	140981.06	63966.00	51769.82	10405.14	14840.11	924.52
2	011701001004	综合脚手架	±0.00米以上综合脚手架	m²	57106.36	53.36	3047195.37	1225502.49	1442506.65	130202.50	248983.73	17691.55
3	011702002001	矩形柱模板	现浇二～五层C50商品混凝土500×500柱	m³	379.58	329.73	125158.91	70339.97	28741.89	4418.31	21658.83	1000.19
			……									
		合　计					155557033.47	5882555.76	3976892.95	3725107.01	2872477.75	95137.27

投标报价（表-09）

综合单价分析表

工程名称：××市医院综合楼 建筑装饰 标段： 第1页 总7页

项目编码	010101002001		项目名称		挖一般土方		计量单位	m³	工程量	58179.1

| 清单综合单价组成明细 |||||||||||

定额编号	定额项目名称	定额单位	数量	单价				合价			
				人工费	材料费	机械费	管理费和利润	人工费	材料费	机械费	管理费和利润
1-9 R×1.5	人工挖土方一般土深度（m）7以上 桩间挖土（钻孔灌注桩，预制桩）：人工乘以系数1.5	100m³	0.00065	5067.59	0	0	746.1	3.29	0	0	0.20
1-9 R×2	人工挖土方一般土深度（m）7以上 配合机械挖土：人工乘以系数2	100m³	0.00094	6756.78	0	0	746.1	6.35	0	0	0.29
1-40	机械挖土汽车运土1km一般土	1000m³	0.00084	259.86	34.83	9488.13	481.28	0.22	0.03	7.97	0.17
1-46	装载机装土自卸汽车运土1km内	1000m³	0.00016	376.3	34.83	6755.35	370.31	0.06	0.01	1.08	0.02
1-47	自卸汽车运土运距每增加1km	1000m³	0.004	0	0	1658.78	60.85	0	0	6.64	0.10
人工单价			小 计					9.92	0.04	15.69	0.78
71元/工日			未计价材料费					0			
清单项目综合单价								26.43			

材料费明细	主要材料名称、规格、型号		单位	数量	单价（元）	合价（元）	暂估单价（元）	暂估合价（元）
	水		m³	0.0087	4.05	0.04		
	材料费小计				—	0.04	—	0

综合单价分析表

工程名称：××市医院综合楼 建筑装饰　　标段：　　第2页 总7页

项目编码	010502001001	项目名称		矩形柱	计量单位	m³	工程量	379.58

清单综合单价组成明细

定额编号	定额项目名称	定额单位	数量	单价				合价			
				人工费	材料费	机械费	管理费和利润	人工费	材料费	机械费	管理费和利润
4-16换	矩形柱柱断面周长（m）1.8以上 C20-40（32.5水泥）现浇碎石混凝土换为C50商品混凝土，最大粒径20mm	10m³	0.1	1099.08	3341.82	14.4	744.28	109.91	334.18	1.44	53.63
人工单价		小计						109.91	334.18	1.44	53.63
71元/工日		未计价材料费						0			
清单项目综合单价								499.16			

	主要材料名称、规格、型号	单位	数量	单价（元）	合价（元）	暂估单价(元)	暂估合价(元)
材料费明细	水	m³	1.041	4.05	4.22		
	C50商品混凝土最大粒径20mm	m³	1.015	325	329.88		
	其他材料费			—	0.09	—	0
	材料费小计			—	334.18	—	0

综合单价分析表

工程名称：××市医院综合楼　建筑装饰　　　　标段：　第3页　总7页

项目编码	010807001001		项目名称	金属（塑钢、断桥）窗	计量单位	m²	工程量	7409.58

<table>
<tr><td colspan="13" align="center">清单综合单价组成明细</td></tr>
<tr>
<td rowspan="3">定额编号</td>
<td rowspan="3">定额项目名称</td>
<td rowspan="3">定额单位</td>
<td rowspan="3">数量</td>
<td colspan="4" align="center">单价</td>
<td colspan="4" align="center">合价</td>
</tr>
<tr>
<td>人工费</td><td>材料费</td><td>机械费</td><td>管理费和利润</td>
<td>人工费</td><td>材料费</td><td>机械费</td><td>管理费和利润</td>
</tr>
<tr><td></td><td></td><td></td><td></td><td></td><td></td><td></td><td></td></tr>
<tr>
<td>借4－53</td>
<td>成品铝合金窗安装推拉窗</td>
<td>100m²</td>
<td>0.01</td>
<td>1597.5</td><td>65489</td><td>62.95</td><td>667.8</td>
<td>15.98</td><td>654.89</td><td>0.63</td><td>5.79</td>
</tr>
<tr>
<td colspan="2" align="center">人工单价</td>
<td colspan="2" align="center">小　计</td>
<td colspan="4"></td>
<td>15.98</td><td>654.89</td><td>0.63</td><td>5.79</td>
</tr>
<tr>
<td colspan="2" align="center">71元/工日</td>
<td colspan="2" align="center">未计价材料费</td>
<td colspan="8" align="center">0</td>
</tr>
<tr>
<td colspan="4" align="center">清单项目综合单价</td>
<td colspan="8" align="center">677.09</td>
</tr>
</table>

<table>
<tr>
<td rowspan="7" align="center">材料费明细</td>
<td align="center">主要材料名称、规格、型号</td>
<td align="center">单位</td>
<td align="center">数量</td>
<td align="center">单价（元）</td>
<td align="center">合价（元）</td>
<td align="center">暂估单价(元)</td>
<td align="center">暂估合价(元)</td>
</tr>
<tr>
<td align="center">其他材料费</td>
<td>元</td><td>0.265</td><td>1</td><td>0.27</td><td></td><td></td>
</tr>
<tr>
<td align="center">密封油膏</td>
<td>kg</td><td>0.3667</td><td>2</td><td>0.73</td><td></td><td></td>
</tr>
<tr>
<td align="center">软填料</td>
<td>kg</td><td>0.3975</td><td>9.8</td><td>3.9</td><td></td><td></td>
</tr>
<tr>
<td>铝合金推拉窗（含玻璃、配件）深灰色150系列铝合金明框6＋12A＋6浅灰色中空LOWE玻璃窗</td>
<td>m²</td><td>1.00</td><td></td><td></td><td>650</td><td>650</td>
</tr>
<tr>
<td align="center">材料费小计</td>
<td>—</td><td></td><td></td><td>4.89</td><td>—</td><td>650</td>
</tr>
</table>

综合单价分析表

工程名称：××市医院综合楼　建筑装饰　　标段：　　第4页　总7页

项目编码	011102003001	项目名称	块料楼地面	计量单位	m²	工程量	322.32

<table>
<tr><th colspan="8">清单综合单价组成明细</th></tr>
<tr><th rowspan="2">定额编号</th><th rowspan="2">定额项目名称</th><th rowspan="2">定额单位</th><th rowspan="2">数量</th><th colspan="4">单价</th><th colspan="4">合价</th></tr>
</table>

定额编号	定额项目名称	定额单位	数量	人工费	材料费	机械费	管理费和利润	人工费	材料费	机械费	管理费和利润
借1-40	地板砖楼地面规格（mm）800×800	100m²	0.01	2142.78	6488.96	58.98	942.46	21.43	64.89	0.59	5.57

人工单价	小　计			21.43	64.89	0.59	5.57
71元/工日	未计价材料费			0			

清单项目综合单价	92.48

	主要材料名称、规格、型号	单位	数量	单价（元）	合价（元）	暂估单价(元)	暂估合价(元)
材料费明细	水	m³	0.03	4.05	0.12		
	地板砖800×800	千块	0.0016	37500	60		
	其他材料费	元	0.0742	1	0.07		
	其他材料费			—	4.69	—	0
	材料费小计			—	64.89	—	0

综合单价分析表

工程名称：××市医院综合楼　建筑装饰　　　标段：　　第5页　总7页

项目编码	011701001003		项目名称	综合脚手架	计量单位	m²	工程量	8528.8
清单综合单价组成明细								

定额编号	定额项目名称	定额单位	数量	单价				合价			
				人工费	材料费	机械费	管理费和利润	人工费	材料费	机械费	管理费和利润
12-219	综合脚手架地下室二层及以上	100m²	0.01	749.76	607.45	122.46	334.74	7.5	6.07	1.22	1.74
人工单价		小　计						7.5	6.07	1.22	1.74
71元/工日		未计价材料费						0			
清单项目综合单价								16.53			

主要材料名称、规格、型号	单位	数量	单价（元）	合价（元）	暂估单价(元)	暂估合价(元)
其他材料费	元	0.6591	1	0.66		
钢管脚手 $\Phi 48 \times 3.5$	t	0.00041	5800	2.38		
钢管底座	个	0.0096	4	0.04		
钢管扣件直角	个	0.1005	5	0.5		
钢管扣件对接	个	0.0119	5	0.06		
钢管扣件回转	个	0.0018	5	0.01		
竹脚手板 $3000 \times 330 \times 50$	m²	0.107	20	2.14		
镀锌铁丝 8#	kg	0.0029	4.2	0.01		
镀锌铁丝 18#	kg	0.0484	5	0.24		
铁件	kg	0.0057	5.2	0.03		
材料费小计			—	6.07	—	0

（材料费明细）

综合单价分析表

工程名称：××市医院综合楼　建筑装饰　　标段：　第6页　总7页

项目编码	011701001004	项目名称	综合脚手架	计量单位	m²	工程量	57106.4

| | | | | 清单综合单价组成明细 | | | | | | | |

定额编号	定额项目名称	定额单位	数量	单价				合价			
				人工费	材料费	机械费	管理费和利润	人工费	材料费	机械费	管理费和利润
12-216	综合脚手架多、高层建筑物檐高（m）110以内	100m²	0.01	2145.62	2525.59	227.89	956.66	21.46	25.26	2.28	4.36
人工单价			小　计					21.46	25.26	2.28	4.36
71元/工日			未计价材料费					0			
		清单项目综合单价						53.36			

	主要材料名称、规格、型号	单位	数量	单价（元）	合价（元）	暂估单价（元）	暂估合价（元）
材料费明细	其他材料费	元	1.3742	1	1.37		
	钢管脚手 Φ48×3.5	t	0.00185	5800	10.73		
	钢管底座	个	0.0035	4	0.01		
	钢管扣件直角	个	0.489	5	2.45		
	钢管扣件对接	个	0.0973	5	0.49		
	钢管扣件回转	个	0.0276	5	0.14		
	竹脚手板 3000×330×50	m²	0.4946	20	9.89		
	镀锌铁丝 12#	kg	0.0383	4.6	0.18		
	材料费小计			—	25.26	—	0

综合单价分析表

工程名称：××市医院综合楼 建筑装饰　　标段：　第7页　总7页

项目编码	011702002001		项目名称	矩形柱	计量单位	m³	工程量	379.58

清单综合单价组成明细										

定额编号	定额项目名称	定额单位	数量	单价				合价			
				人工费	材料费	机械费	管理费和利润	人工费	材料费	机械费	管理费和利润
12-74	矩形柱模板柱断面周长1.8m以上	10m³	0.1	1713.94	741.25	102.66	825.31	171.39	74.13	10.27	52.75
12-78	层高超高模板增加费每超高1m矩形柱	10m³	0.1	139.16	15.9	13.69	67.43	13.92	1.59	1.37	4.31
人工单价	小计							185.31	75.72	11.64	57.06
71元/工日	未计价材料费							0			
清单项目综合单价								329.73			

主要材料名称、规格、型号	单位	数量	单价（元）	合价（元）	暂估单价(元)	暂估合价(元)
其他材料费	元	1.166	1	1.17		
模板料	m³	0.0102	1215	12.39		
钢模板	t	0.0059	5100	30.09		
零星卡具	kg	2.906	4.5	13.08		
钢支撑	kg	2.164	4.2	9.09		
拉杆螺栓	kg	1.039	6	6.23		
其他材料费	—			3.66	—	0
材料费小计	—			75.72	—	0

材料费明细

投标价（表-11）

总价措施项目清单与计价表

工程名称：××市医院综合楼　建筑装饰　　　标段：　　第 1 页　总 1 页

序号	项目编码	项目名称	计算基础	费率（%）	金额（元）	备注
1	011707001001	安全文明施工费				
2	1.1	安全生产费	（综合工日合计＋技术措施项目综合工日合计）×34×1.66	10.18	0	
3	1.2	文明施工措施费	（综合工日合计＋技术措施项目综合工日合计）×34×1.66	5.1	0	
合　　计						

注：按招标文件要求安文费投标人暂不计算，中标后由造价管理机构核准后计入合同价。

投标报价（表-12）

其他项目清单与计价汇总表

工程名称：××市医院综合楼　建筑装饰　　　标段：　　第 1 页　共 1 页

序号	项目名称	金额（元）	备　注
1	暂列金额	9500000.00	明细详见表-12-1
2	暂估价	29866000.00	
2.1	材料（工程设备）暂估价		明细详见表-12-2
2.2	专业工程暂估价	29716000.00	明细详见表-12-3
2.3	总承包服务费	112500.00	明细详见表-12-5
合　　计		39328500.00	—

投标报价（表-12-1）

暂列金额明细表

工程名称：××市医院综合楼　建筑装饰　　标段：　　第 1 页　共 1 页

序号	项 目 名 称	计量单位	暂定金额（元）	备　注
1	暂列金额	项	9500000.00	
合　　计			9500000.00	

投标报价（表-12-2）

材料（工程设备）暂估单价表

工程名称：××市医院综合楼　建筑装饰　　标段：　　第 1 页　共 1 页

序号	材料（工程设备）名称、规格、型号	计量单位	数　量	暂估单价（元）	合价（元）	备　注
1	铝合金推拉窗（含玻璃、配件）深灰色 150 系列铝合金明框 6＋12A＋6 浅灰色中空 LOWE 玻璃窗（洞口尺寸）	m²	7409.58	650.00	4816227.00	用于外墙窗
合　　计					4816227.00	

投标报价（表-12-3）

专业工程暂估价表

工程名称：××市医院综合楼　建筑装饰　　标段：　　第 1 页　共 1 页

序号	工 程 名 称	工 程 内 容	暂估金额（元）	备　注
1	外墙保温，50 厚钢丝网岩棉（A 级）	保温层全活及相应措施	2560000.00	16000m² × 160 元/m²

续表

序号	工程名称	工程内容	暂估金额（元）	备注
2	外墙面干挂石材	钢骨架、干挂石材及相应措施	3348000.00	$3720m^2 \times 900$ 元/m^2
3	外墙柱面干挂石材	钢骨架、干挂石材及相应措施	768000.00	$800m^2 \times 960$ 元/m^2
4	外墙铝板墙面	钢骨架、铝板制安及相应措施	21030000.00	$17650m^2 \times 1200$ 元/m^2
5	玻璃幕墙	深灰色 150 系列隐框玻璃，6 + 12A + 6 厚浅灰色中空 LOW－E 玻璃及相应措施	2010000.00	$1675m^2 \times 1200$ 元/m^2
	合　计		29716000.00	—

投标报价（表-12-5）

总承包服务费计价表

工程名称：××市医院综合楼　建筑装饰　　标段：　　第 1 页　共 1 页

序号	项目名称	项目价值（元）	服务内容	计算基础	费率（%）	金额（元）
1	洁净室装修	3750000	现场配合服务、协调管理竣工资料整理等	3750000.00	3	112500.00
	合　计					112500.000

投标报价（表-13）

规费、税金项目计价表

工程名称：××市医院综合楼　建筑装饰　　标段：　　第1页　共1页

序号	项 目 名 称	计 算 基 础	计 算 基 数	计算费率（%）	金额（元）
1	规费	工程排污费＋社会保障费＋住房公积金			
1.1	工程排污费	按实际发生额结算			
1.2	社会保障费	综合工日	综合工日	908	
1.3	住房公积金	综合工日	综合工日	170	
2	税金	分部分项工程＋措施项目＋其他项目＋规费	分部分项工程＋措施项目＋其他项目＋规费	3.477	4412494.17
	合　　　计				4412494.17

注：按招标文件要求规费投标人暂不计算，中标后由造价管理机构核准后计入合同价。

投标报价（表-20）

发包人提供材料和工程设备一览表

工程名称：××市医院综合楼　建筑装饰　　标段：　　第1页　共1页

序号	材料（工程设备）名称、规格、型号	单位	数量	单价（元）	交货方式	送达地点	备　注
1	800×800玻化地板砖	千块	0.5157	37500		工地仓库	用于六～二十二层护士更衣室
	………						

投标报价（表-21）

承包人提供主要材料和工程设备一览表
（适用造价信息差额调整法）

工程名称：××市医院综合楼　建筑装饰

序号	名称、规格、型号	单位	数量	风险系数（%）	基准单价（元）	投标单价（元）	备　注
1	C50 商品混凝土	m³	385.27			325.00	
	......						

第六章　细化施工合同价款

实施清单计价以来，造价纠纷也从原来定额计价时的定额子目之争，转变为因招标文件与造价有关的条款描述不清、合同条款（工程量误差、变更、材料价格市场波动、政策性变化等）约定不详、不按合同约定支付工程款、索赔事项不能兑现等原因引起的纠纷。只要中了标，签订施工合同走形式，主要为了办理施工手续用。在签订合同方面，中标人与招标人的信息、技术是不对等的，对于中标人来讲，施工合同越是约定不清，以后越有"账"可算，最终结果是竣工结算价远远高出合同价，尤其是政府投资的项目，由于种种原因，在信息、技术、信誉等方面业主始终处于被动地位，导致合同中的个别条款不是发包人真实意思的表现，由此在后期产生的经济纠纷接连不断。

所以，在签订合同时，作为发包人应有一个公平公正的心态，了解弄清以下两项原则：

1. 招标文件与中标人投标文件不一致的地方，应以投标文件为准。

2013 年计价规范第 7.1.1 条　实行招标的工程合同价款应在中标通知书发出之日起 30 天内，由发承包双方依据招标文件和投标文件在书面合同中约定。

合同约定不得违背招标、投标文件中关于工期、造价、质量等方面的实质性内容。招标文件与中标人投标文件不一致的地方，应以投标文件为准。

2008 年计价规范第 4.4.2 条也有类似规定，规定了招标工程合同价款的约定原则：实行招标的工程，合同约定不得违背招标、投标文件中关于工期、造价、质量等方面的实质性内容。招标文件与中标人投标文件不一致的地方，应以投标文件为准。

招标人应该清楚：工期短、造价低、质量好的目标不可能实现。但许多招标人明知不可行而为之。

平时的习惯做法是：当招标文件与投标文件有不一致的地方，理所当然地以招标文件为主，而从 2008 年规范理性回归到以投标文件为主，是非常正确的，这也是由合同的形成过程来决定的。我们都知道合同的形成过程要经过要约和承诺，所谓要约，是希望和他人订立合同的意思表示，而承诺是受要约人同意要约的意思表示。有些合同在要约之前还会有要约邀请，所谓要约邀请，是希望他人向自己发出要约的意思表示，而招投标工程在合同签订过程中，招标文件应视为要约邀请，投标文件为要约，中标通知书为承诺（说明已完全同意投标文件要约的条件），所以在签订建设工程合同或工程结算时，当招标文件与中标人的投标文件有不一致的地方，应以投标文件为准。

根据住房城乡建设部、国家工商行政管理总局新制定的《建设工程施工合同（示范文本）》（GF—2013—0201）中，明确了下列文件一起构成合同文件：

（1）合同协议书

（2）中标通知书（如果有）；

（3）投标函及其附录（如果有）；

（4）专用合同条款及其附件；

（5）通用合同条款；

（6）技术标准和要求；

（7）图纸；

（8）已标价工程量清单或预算书；

（9）其他合同文件。

在合同订立及履行过程中形成的与合同有关的文件均构成合同文件组成部分。

由此可知，招标文件不属于合同文件的组成部分。即便是招标文件说明"本招标文件属于合同文件的组成部分"，位次也是在最后，效力最小。

我们仔细分析第7.1.1条以投标文件为准的情况，按说投标文件与招标文件矛盾不应该中标，但确实中标了，这种情况还非常普遍，根本原因在于评标时没有清标，导致以下两种情况出现：①投标人为了中标，报价时不按清单计价规范要求填写；②中标后签订合同时，发现招标文件与中标文件有不一致的地方。

关于清标，是评标软件的主要功能，我们研究的时候首先解决的是清标问题：对投标文件的响应性审查（是否改变了清单工程量及项数等）、符合性审查、计算错误审查等。评标之前应先清标后再进行评标，但清标工作不是评委能完成的，只有评标软件的研究人员或经过培训的对造价比较熟悉的人员（比较固定的、不能老是换人）才能完成；但现有的评标制度是不允许的。再加上评标软件公司的夸大宣传和有关部门对计算机辅助评标的错误理解——认为用软件评标能防止招投标过程中的腐败现象发生，能防止投标人围标、串标等，评标软件就是"神"。所以把计算机辅助评标变为人工辅助评标，又美其名曰电子评标，评委无法复核计分情况，但必须在评标结果上签字。由于评标时不清标，导致了招投标过程中及后期的实施阶段许多不该发生的纠纷发生了，像上面讲的情况：①投标人为了中标，报价时不按清单计价规范要求填写；②中标后签订合同时，发现招标文件与中标文件有不一致的地方；③竣工结算时发现有的项单价过高或过低，甚至根本就没有填价；等等。

2. 计价风险分担原则。

不管是招标人在起草招标文件，还是在签订施工合同时，不得采用无限风险或类似语句规定计价中的风险内容及范围，必须执行2013年清单计价规范与2013年施工合同（示范文本）规定及要求：

（1）工程量的风险由发包人承担，综合单价报价的风险由承包人承担。

（2）政策性风险由发包人承担。省定额站发布的人工费指导价，属于政策性调整文件，必须执行。

（3）材料风险、机械费风险双方分担，即：材料风险在5%以内承包人承担，5%以外发包人承担；机械费风险在10%以内承包人承担，10%以外发包人承担。

（4）2013年清单计价规范第3.4.4条原因造成机械费增加，由承包人全部承担。

（5）管理费、利润风险承包人承担。

（6）规费、税金由发包人承担。

我们认为，采用清单计价招标的项目，要减少结算造价纠纷，除了招标文件中与价有关的条款需要细化之外，也必须细化施工合同与价有关的条款，约定具体进度结算、价款调整及竣工结算计价办法，使之具有可操作性。理由很简单，因为我们目前所谓的清单计价，实质上是处于定额计价与清单计价的过渡阶段，人们的思想理念与行为根本达不到清单计价的要求。根据我们近两年在实施阶段全过程造价咨询服务情况，深刻认识到在签订施工合同时的重要性及对后期的影响，必须明确约定下列事项：

（1）工程量清单错误的修正。

尽管 2013 年计价规范及 2013 年合同示范文本都明确规定工程结算应以实际完成的工程量为准，且当工程量偏差不超 15% 时，2013 年计价规范第 9.3.1 条给了一个计算公式，此公式对于原有的清单项目并不适用。实际上任何招标人或委托的造价咨询机构计算的清单工程量都不可能百分之百的准确，当误差很小时，如 0.1% ~ 3% 是否有必要进行调整？当工程量偏差超过 15% 时，2013 年计价规范第 9.6.2 规定的调整办法是：对于任一招标工程量清单项目，当因本节规定的工程量偏差和第 9.3 节规定的工程变更等原因导致工程量偏差超过 15% 时，可进行调整。当工程量增加 15% 以上时，增加部分的工程量的综合单价应予调低；当工程量减少 15% 以上时，减少后剩余部分的工程量的综合单价应予调高。此条实际上对因招标人计算的个别清单量误差比较大，防止中标人采用特高特低的不平衡报价的约束，但如果合同中没有约定调整办法，结算时按此条办法调整根本行不通。

因工程量误差的调整办法约定不明确发生的纠纷非常多，为了减少结算中的扯皮，对工程量偏差很小或偏差超过 15% 的，应在签订施工合同时约定可操作的调整条款。我们认为恰当的做法是双方在 2013 施工合同（示范文本）专用条款第 1.13 条中约定：①当工程量偏差很小（3% 以内，具体比例双方在合同中约定）时，合同价不再调整；②当工程量偏差在 3% ~ 15% 时，核增（减）造价 = 增加（减少）工程量 × 原报综合单价；③当工程量偏差超过 +15% 时，核增造价 = 按与招标控制价相同的计价依据计算增加工程量的造价 × （1 - 投标让利系数）；当工程量偏差超过 -15% 时，核减造价 = 核减工程量 × 原投标综合单价；工程量误差影响规费、安全文明措施费、税金变化的，也做相应调整。

（2）变更估价。

1）变更范围的约定：按照 2013 施工合同（示范文本）第 10.1 条内容，双方约定在合同履行过程中发生以下情形的，均属于变更：

①增加或减少合同中任何工作，或追加额外的工作；

②取消合同中任何工作，但转由他人实施的工作除外；

③改变合同中任何工作的质量标准或其他特性；

④改变工程的基线、标高、位置和尺寸；

⑤改变工程的时间安排或实施顺序。

2）变更估价。对于变更导致实际完成的变更工程量与已标价工程量清单或预算书中列明的该项目工程量的变化幅度超过 15% 的，或已标价工程量清单或预算书中无相同项目及类似项目单价的，2013 年计价规范及 2013 年合同示范文本规定由承包人提出变更单价，报发包人确认。但在实际实施过程中却无法执行，原因是承包人提出的综合单价是否合理，发包人无法确认；其次是发包人为了解脱以后政府审计时追查责任，也不愿意确认。所以对于上述情况，我们认为恰当的做法是双方在 2013 施工合同（示范文本）专用条款 10.4.1 中约定：当合同中没有适用或类似的综合单价或清单工程量增加在 15% 以上时，核增造价 = 按计价定额规定计算出变更工程量造价 × （1 - 投标让利系数）；变更导致清单工程量减少超过 -15% 时，核减造价 = 核减工程量 × 原投标综合单价。工程变更影响规费、安全文明措施费、税金变化的，也做相应调整。

为了减少竣工结算时的纠纷，在合同中还要对让利基数进行约定：非承包人施工的专业暂估价、发包人采购或定价的材料、安全文明施工费、规费及税金不得作为让利基数。同时还要注明政策性调整时造价随之调整。

（3）市场价格波动引起的合同价调整。

市场价格波动是否调整合同价格，双方要在合同专用条款11.1中约定调整办法，一般是采用造价信息进行价格调整，但首先要在合同专用条款中约定人工、材料与设备的基准价格。我们以2014年8月份××项目合同为例，采用的是2013施工合同（示范文本），在专用条款11.1中约定：

1）材料设备基准价格的约定：执行××市建设工程造价管理机构批准印发的2014年第3期6月份《××市建设工程造价信息》中的价格。

合同履行期间材料价格的调整：

①承包人在已标价工程量清单或预算书中载明的材料单价低于基准价格的：专用合同条款合同履行期间材料单价涨幅以基准价格为基础超过5%时，或材料单价跌幅以已标价工程量清单或预算书中载明材料单价为基础超过5%时，其超过部分据实调整。

②承包人在已标价工程量清单或预算书中载明的材料单价高于基准价格的：专用合同条款合同履行期间材料单价跌幅以基准价格为基础超过5%时，材料单价涨幅以已标价工程量清单或预算书中载明材料单价为基础超过5%时，其超过部分据实调整。

③承包人在已标价工程量清单或预算书中载明的材料单价等于基准单价的：专用合同条款合同履行期间材料单价涨跌幅以基准单价为基础超过±5%时，其超过部分据实调整。

2）人工费单价基准价的确定：执行××省建筑工程标准定额站发布的2014年4~6月人工费综合指导价70元/定额综合工日。

合同履行期间人工费单价的调整：依据《××省住房和城乡建设厅关于进一步明确建设工程人工费计价问题的通知》（×建设标〔2011〕45号）文的有关规定，人工费风险幅度为10%。所以合同履行期间河南省建筑工程标准定额站发布的人工费综合指导价大于$70 \times 1.1 = 77$元时，对超过部分进行调整。

（4）暂列金额。

虽然暂列金额是由发包人暂定并掌握的款项，但对于其真正的用途，相当一部分发承包双方都弄不太明白，所以在评标过程中、合同签订及实施过程中甚至竣工结算时，因暂列金额发生的纠纷也非常多。因此，合同中必须约定清楚暂列金额的用途：

主要用于签订本合同时尚未确定或者不可预见的所需材料、工程设备、服务采购、施工中可能发生的工程变更、合同约定调整因素出现时的合同价款调整以及发生的索赔、现场签证确定等的费用。只有承包人实施了上述内容，才能成为其应得款项，纳入结算价款中。因此，不但评标时暂列金额不能作为总报价评标基数，合同实施过程中也不得作为支付合同价款的拨款基数。

（5）施工过程中的工程计量。

对于施工过程中的工程计量，2013年合同示范文本是由监理人审核后报发包人。这种做法如果是造价不高、工期又短的单项工程还可以，但对于大型建设项目，各单项工程进度又不一样，再加上新技术、新材料的应用，工程计量及单价的采用绝非易事，监理是不一定能胜任的，除非是按总工程量估算比例拨款。在此阶段承包人总是想办法多算、重算、增加变更内容、改变施工方案等，以达到让发包人提前多支付工程进度款的目的。但施工阶段很少有造价咨询机构的介入，产生的纠纷往往在最终结算时才集中表现出来，发承包双方意见不一致，也是造成竣工结算拖延的原因之一。因此，工程计量与进度款的支付应明确由造价咨询机构介入服务。我们从 2013 年开始进行施工过程的工程计量服务，认为发承包双方必须在合同中约定具体的计量事项：

①实体项目、措施项目、其他项目的计量统计方法；

②工程变更、签证的计量方法；

③非工程节点时工程量的计量统计方法；

④承包人每月报送完成工程量的截止时间；

⑤发包人审定核实时间；

⑥进度款结算与支付办法。

（6）纠纷的解决。

尽快建立争议评审机制，及时解决合同实施过程中的纠纷，防止竣工结算久拖不结、拖欠工程款的现象继续蔓延。但在目前大部分地市没有建立争议评审机制的情况下，××市的大中型建设项目，由当地资历比较深、熟悉定额、责任心强的造价咨询机构全过程服务，并与当地工程造价管理机构联合，聘请合同造价专家经常深入现场，了解工程实际情况，及时解决发承包双方在施工过程中的合同纠纷，取得了良好的效果。不少施工合同中有这样的条款：造价咨询机构全程介入服务；因合同造价引起的争议，提请××市建设工程标准定额管理站裁定，双方对裁定结果意见不一致时，再按专用条款 20.4 条约定解决。

（7）明确竣工结算计价方法。

××市是××省实施清单计价较早的地市，就目前政府投资的项目来说，虽然采取清单计价招投标，但发包方的思想理念、意识行为根本达不到清单计价要求，不能按清单计价要求及合同约定支付工程进度款，都是最后算总账。而竣工结算的总价款怎么算，牵扯到清单工程量错误的修正、工程变更、人材机价格波动、暂列金额的使用、暂估价的最终确认、政策性调整等问题，因许多合同约定不清、不具体，致使竣工结算不能按合同约定时间完成，造成久拖不结。按照住房和城乡建设部 财政部关于印发《建筑安装工程费用项目组成》的通知（建标〔2013〕44 号）规定，竣工结算计价程序如下表所示：

工程名称：　　　　　　　　　　　　标段：

序号	汇 总 内 容	计 算 方 法	金　额（元）
1	分部分项工程费	按合同约定计算	
1.1			
1.2			
1.3			
1.4			
1.5			

序号	汇 总 内 容	计 算 方 法	金 额（元）
2	措施项目	按合同约定计算	
2.1	其中：安全文明施工费	按规定标准计算	
3	其他项目		
3.1	其中：专业工程结算价	按合同约定计算	
3.2	计日工	按计日工签证计算	
3.3	总承包服务费	按合同约定计算	
3.4	索赔与现场签证	按发承包双方确认数额计算	
4	规费	按规定标准计算	
5	税金（扣除不列入计税范围的工程设备金额）	（1＋2＋3＋4）×规定税率	
竣工结算总价合计＝1＋2＋3＋4＋5			

注：1. 竣工结算价必须依据合同约定的结算办法进行计算，即坚持从约原则；

  2. 招标人采购的设备计算税金；扣除不列入计税范围的工程设备金额是指招标人直接采购的设备。

从表中可以看出，竣工结算的原则是从约原则，因此，在合同中约定竣工结算总价计价方法很有必要。以我们 2013 年底开始服务的项目为例，采用的是单价合同，发承包双方在合同中约定竣工结算计价方法如下：

按发、承包双方认可的实际完成的工程量（符合质量要求及 13 清单计价规范计算规则）进行计价；

发、承包双方认可的实际完成的工程量包括：已标价工程量清单的工程量（含偏差超过 ±3% 部分增减的工程量）；承包人实施专业暂估价的工程量；增加（减少）项目、签证、变更、索赔等增加（减少）的工程量。

最终结算总价款＝合同总价（不含：暂估价、暂列金额、社会保障费、安文费中奖励费）

  ＋材料和工程设备暂估价双方最终确认价

  ＋承包人实施的专业暂估价

  ＋暂列金额＋［增加（减少）项目、签证、变更、索赔等增加的价款－暂列金额］

  ＋其他费用（安全文明施工费中的奖励费、优质优价奖励费、总承包服务费）

计价时：合同总价中已标价工程量清单有误按本合同 1.13 专用条款约定调整；

  暂估价的材料（设备）按发、承包双方最终确认价在综合单价中调整；

  承包人实施的专业暂估价按中标价或发、承包双方最终确认的合同价计算；

  增加（减少）项目、签证、变更、索赔等增加的价款按本合同 10.4.1 专用条款约定计算；

人工费、材料费单价调整按本合同 11.1 专用条款第二种方式约定计算；

其他费用指：合同约定获得省、市安全文明工地称号的奖励费；

合同约定优质优价的奖励费；

总承包服务费：如专业暂估价由发包人另行发包，且施工中要求总承包人配合，或承包范围以外的专业工程施工时要求总承包人配合，则总承包人按规定计取总承包服务费。

注意，社会保障费由市建设劳保办统一管理，一般是建设单位按编制招标控制价时的金额上缴给市建设劳保办，市建设劳保办再按规定返还中标单位。

附：施工合同实例

施工合同实例
（GF—2013—0201）

建设工程施工合同

（示范文本）

住房和城乡建设部
国家工商行政管理总局　　制定

第一部分　合同协议书

发包人（全称）： ××市综合医院

承包人（全称）： ××建设集团有限责任公司

根据《中华人民共和国合同法》、《中华人民共和国建筑法》及有关法律规定，遵循平等、自愿、公平和诚实信用的原则，双方就××市综合医院病房大楼工程施工及有关事项协商一致，共同达成如下协议：

一、工程概况

1. 工程名称：××市综合医院病房大楼工程。

2. 工程地点：××市××路中路52号。

3. 工程立项批准文号：××发改社会〔2013〕226。

4. 资金来源：自筹资金和中央投资资金。

5. 工程内容：新建病房楼工程施工主体（不含桩基工程）、人防（平时部分）、室内装饰、外墙装饰（含铝板幕墙）、强电（不含高压部分及配电箱低压柜）、给排水、空调系统、通风、消防。

群体工程应附《承包人承揽工程项目一览表》（附件1）。

6. 工程承包范围：投标工程量清单全部内容。

二、合同工期

计划开工日期：2014年10月×日（以施工许可证办理后的开工之日起计算）。

计划竣工日期：××年×月×日。

工期总日历天数：860天。工期总日历天数与根据前述计划开竣工日期计算的工期天数不一致的，以工期总日历天数为准。

三、质量标准

工程质量符合合格标准（双方共同努力，争创中州杯，对于该项变更按程序甲方给予支持，积极协调有关部门批准，有必要的、共同协商可顺延工期）。

四、签约合同价与合同价格形式

1. 签约合同价为：人民币（大写）：___（略）___（￥：174771706.00元）；

其中：

（1）安全文明施工费：人民币（大写）：___（略）___（￥：3276953.00元）；

规费：人民币（大写）：___（略）___（￥：4096176.00元）；

（2）材料和工程设备暂估价金额：

人民币（大写）：___（略）___（￥：4816227.00元）；

（3）专业工程暂估价金额：人民币（大写）：___（略）___（￥：29716000.00元）；

（4）暂列金额：　人民币（大写）：___（略）___（￥：9500000.00元）。

2. 合同价格形式：单价合同。

五、项目经理

承包人项目经理：×××。

六、合同文件构成

本协议书与下列文件一起构成合同文件：

（1）中标通知书；

（2）投标函及其附录；

（3）专用合同条款及其附件；

（4）通用合同条款；

（5）技术标准和要求；

（6）图纸；

（7）已标价工程量清单或预算书；

（8）其他合同文件。

在合同订立及履行过程中形成的与合同有关的文件均构成合同文件组成部分。

上述各项合同文件包括合同当事人就该项合同文件所作出的补充和修改，属于同一类内容的文件，应以最新签署的为准。专用合同条款及其附件须经合同当事人签字或盖章。

七、承诺

1. 发包人承诺按照法律规定履行项目审批手续、筹集工程建设资金并按照合同约定的期限和方式支付合同价款。

2. 承包人承诺按照法律规定及合同约定组织完成工程施工，确保工程质量和安全，不进行转包及违法分包，并在缺陷责任期及保修期内承担相应的工程维修责任。

3. 发包人和承包人通过招投标形式签订合同的，双方理解并承诺不再就同一工程另行签订与合同实质性内容相背离的协议。

八、词语含义

本协议书中词语含义与第二部分通用合同条款中赋予的含义相同。

九、签订时间　本合同于__2014__年__10__月___××___日签订。

十、签订地点　本合同在河南省××市签订。

十一、补充协议

合同未尽事宜，合同当事人另行签订补充协议，补充协议是合同的组成部分。

十二、合同生效

本合同自__签订之日起__生效。

十三、合同份数

本合同一式12份，均具有同等法律效力，发包人执8份，承包人执4份。

发包人：（公章）　　　　　　　　　承包人：（公章）

法定代表人或其委托代理人：　　　　法定代表人或其委托代理人：

（签字）　　　　　　　　　　　　　（签字）

组织机构代码：_____　　　　组织机构代码：_____

地　址：_____　　　　　　　地　址：_____

邮政编码：_____　　　　　　邮政编码：_____

法定代表人：_____　　　　　法定代表人：_____

委托代理人：_____　　　　　委托代理人：_____

电　　话：＿＿＿＿＿＿＿＿＿　　　　电　　话：＿＿＿＿＿＿＿＿＿

传　　真：＿＿＿＿＿＿＿＿＿　　　　传　　真：＿＿＿＿＿＿＿＿＿

电子信箱：＿＿＿＿＿＿＿＿＿　　　　电子信箱：＿＿＿＿＿＿＿＿＿

开户银行：＿＿＿＿＿＿＿＿＿　　　　开户银行：＿＿＿＿＿＿＿＿＿

账　　号：＿＿＿＿＿＿＿＿＿　　　　账　　号：＿＿＿＿＿＿＿＿＿

第二部分　通用合同条款（略）

第三部分　专用合同条款

1　一般约定

1.1　词语定义

1.1.1　合同

1.1.1.10　其他合同文件包括：合同履行中双方确认的对合同有影响的签证、设计变更等相关资料。

1.1.2　合同当事人及其他相关方

1.1.2.4　监理人：

名　　称：河南××工程建设监理公司；

资质类别和等级：房屋建筑甲级、机电安装乙级、人防工程监理乙级；

联系电话：＿＿＿＿（略）＿＿＿＿；

电子信箱：＿＿＿＿（略）＿＿＿＿；

通信地址：＿＿××市××大道××号＿＿。

1.1.2.5　设计人：

名　　称：××市规划建筑设计研究院；

资质类别和等级：＿＿＿＿建筑工程设计甲级＿＿＿＿；

联系电话：＿＿＿＿（略）＿＿＿＿；

电子信箱：＿＿＿＿（略）＿＿＿＿；

通信地址：××市建设中路××号规划建筑设计研究院。

1.1.3　工程和设备

1.1.3.7　作为施工现场组成部分的其他场所包括：现场临时办公及施工场地。

1.1.3.9　永久占地包括：按照设计图纸确定。

1.1.3.10　临时占地包括：临时围墙范围内。

1.3　法律

适用于合同的其他规范性文件：执行国家、河南省和××市政府及有关部门发布的地方性法规、规章、规范性文件、详细施工图等。

1.4　标准和规范

1.4.1　适用于工程的标准规范包括：国家标准、行业标准、工程所在地的地方性标准，以及相应的规范、规程等。

1.4.2　发包人提供国外标准、规范的名称：_____—_____；

发包人提供国外标准、规范的份数：_____—_____；

发包人提供国外标准、规范的名称：_____—_____。

1.4.3　发包人对工程的技术标准和功能要求的特殊要求：

本工程中防护混凝土部分的密实度及密度应满足防护鉴定部门的相关规定。

1.5　合同文件的优先顺序

合同文件组成及优先顺序为：（1）合同协议书（2）中标通知书（3）投标函及其附录（4）专用合同条款及其附录（5）通用合同条款（6）技术标准和要求（7）图纸（8）已标价的工程量清单或预算书（9）其他合同文件。

1.6　图纸和承包人文件

1.6.1　图纸的提供

发包人向承包人提供图纸的期限：　开工前7天　；

发包人向承包人提供图纸的数量：　2套　；

发包人向承包人提供图纸的内容：　工程施工图　。

1.6.4　承包人文件

需要由承包人提供的文件，包括：实施性施工组织设计及方案；

承包人提供的文件的期限为：_____开工前_____；

承包人提供的文件的数量为：　4份　；

承包人提供的文件的形式为：_____书面形式_____；

发包人审批承包人文件的期限：　收到文件后7天内审查完毕　。

1.6.5　现场图纸准备

关于现场图纸准备的约定：_____执行通用条款_____。

1.7　联络

1.7.1　发包人和承包人应当在__3__天内将与合同有关的通知、批准、证明、证书、指示、指令、要求、请求、同意、意见、确定和决定等书面函件送达对方当事人。

1.7.2　发包人接收文件的地点：_____基建办公室_____；

发包人指定的接收人为：_____×××_____。

承包人接收文件的地点：_____现场项目部_____；

承包人指定的接收人为：_____×××_____。

监理人接收文件的地点：_____现场监理部_____；

监理人指定的接收人为：_____总监理工程师_____。

1.10　交通运输

1.10.1　出入现场的权利

关于出入现场的权利的约定：_____执行通用条款_____。

1.10.3　场内交通

关于场外交通和场内交通的边界的约定：以现场实际施工条件为准。

关于发包人向承包人免费提供满足工程施工需要的场内道路和交通设施的约定：承包人负责保护维护保养责任及发生的费用 若有与施工无联系的特殊要求，费用由发包人承担。

1.10.4　超大件和超重件的运输

运输超大件或超重件所需的道路和桥梁临时加固改造费用和其他有关费用由<u>承包人</u>承担。

1.11　知识产权

1.11.1　关于发包人提供给承包人的图纸、发包人为实施工程自行编制或委托编制的技术规范以及反映发包人关于合同要求或其他类似性质的文件的著作权的归属：<u>执行通用条款</u>。

关于发包人提供的上述文件的使用限制的要求：<u>执行通用条款</u>。

1.11.2　关于承包人为实施工程所编制文件的著作权的归属：<u>执行通用条款</u>。

关于承包人提供的上述文件的使用限制的要求：<u>执行通用条款</u>。

1.11.4　承包人在施工过程中所采用的专利、专有技术、技术秘密的使用费的承担方式：<u>由承包人承担</u>。

1.13　工程量清单错误的修正

出现工程量清单错误时，是否调整合同价格：__是__。

允许调整合同价格的工程量偏差范围：<u>（1）因非承包人原因引起已标价工程量清单中列明的工程量发生增减，且单个子目工程量变化幅度在 ±3% 以内（含）时，清单工程量、价均不作调整，即合同价格不作调整；（2）因非承包人原因引起已标价工程量清单中列明的工程量发生增减，且单个子目工程量变化幅度在 ±3%（不含）~ ±15%（含）时，合同价增（减）＝增（减）工程量×原综合单价；（3）因非承包人原因引起已标价工程量清单中列明的工程量发生增减：且单个子目工程量变化幅度在 +15% 以上时，核增造价＝按招标文件规定的计价依据计算增加工程量的造价×（1－投标让利系数）；单个子目工程量变化幅度在 −15% 以上时，核减造价＝减少的工程量×原综合单价。</u>

<u>以上工程量增（减）影响措施费、规费、安全文明施工费及税金的，也作相应调整。</u>

2　发包人

2.2　发包人代表

发包人代表：

姓　　　名：　<u>　×　×　×　　　　　</u>　；

身份证号：　<u>　（略）　　　　　　</u>　；

职　　　务：　<u>　（略）　　　　　　</u>　；

联系电话：　<u>　（略）　　　　　　</u>　；

电子信箱：　<u>　（略）　　　　　　</u>　；

通信地址：　<u>　×× 市 ×× 路中路 52 号　</u>　。

发包人对发包人代表的授权范围如下：_____

2.4　施工现场、施工条件和基础资料的提供

2.4.1　提供施工现场

关于发包人移交施工现场的期限要求：<u>开工前 7 天</u>。

2.4.2　提供施工条件

关于发包人应负责提供施工所需要的条件，包括：<u>所有条件均已具备，且临时围墙已做好，合同签订后交于承包人使用管理，承包人承担围墙费用 66.7 万元（属于临时设施</u>

费，承包人有处置权）场地平整费要扣除（桩基单位已做此项工作）

2.5 资金来源证明及支付担保

发包人提供资金来源证明的期限要求：＿＿＿＿＿—＿＿＿＿＿。

发包人是否提供支付担保：＿＿＿＿＿＿＿—＿＿＿＿＿＿＿。

发包人提供支付担保的形式：＿＿＿＿＿—＿＿＿＿＿＿。

3 承包人

3.1 承包人的一般义务

（5）承包人提交的竣工资料的内容：提供符合城建档案馆和行政质检监督部门要求的竣工图及竣工资料。

承包人需要提交的竣工资料套数：＿＿＿5＿＿＿。

承包人提交的竣工资料的费用承担：承包人承担。

承包人提交的竣工资料移交时间：竣工验收合格后 14 天内。

承包人提交的竣工资料形式要求：书面及电子文档。

（6）承包人应履行的其他义务：①承包人应按发包人的指令，完成发包人合理的要求的对工程内容的任何增加和删减，工期和费用做相应调整。②承包人应积极主动核对图纸中的标高、轴线等技术数据，充分理解设计意图。若由于明显的设计图纸问题（例如尺寸标注不闭合、文字标识相互矛盾等）和发包人（包括监理）书面指令，承包人发现后有书面告知义务，否则造成工程质量、安全、进度损失，也不能免除承包人的责任。③承包人应按照政府相关规定，建立健全的雇员工资发放和劳动保障制度，避免因承包人原因发生民工围堵等现象。④承包人使用的临时用水、临时用电等设施在合同执行期间，如发包人要求为其他承包人提供分表（合理位置）接口的，承包人应积极配合。

3.2 项目经理

3.2.1 项目经理：

姓　　　名：＿＿＿＿＿＿×××＿＿＿＿＿＿；

身份证号：＿＿＿＿＿（略）＿＿＿＿＿。

建造师执业资格等级：＿建筑壹级＿；

建造师注册证书号：＿＿＿＿＿（略）＿＿＿＿＿。

建造师执业印章号：＿＿＿＿＿—＿＿＿＿＿。

安全生产考核合格证书号：＿＿＿＿（略）＿＿＿＿。

联系电话：＿＿＿＿＿（略）＿＿＿＿＿。

电子信箱：×××××××××@qq.com；

通信地址：＿××市友谊北大街156号＿；

承包人对项目经理的授权范围如下：全权处理本项目的一切事务，履行合同。

关于项目经理每月在施工现场的时间要求：每两周不少于 10 天，否则视为缺勤即为擅自离开施工现场情况。

承包人未提交劳动合同，以及没有为项目经理缴纳社会保险证明的违约责任：执行通用条款。

项目经理未经批准，擅自离开施工现场的违约责任：发包人有权要求承包人承担每天叁仟元（3000 元）的违约金。

3.2.3　承包人擅自更换项目经理的违约责任：<u>发包人有权要求承包人承担伍万元的违约金，并视为项目经理缺勤。</u>

3.2.4　承包人无正当理由拒绝更换项目经理的违约责任：<u>如出现无法修复的工程缺陷及工程进度滞后超 30 天的，发包人有权要求承包人承担伍万元（50000 元）的违约金，由此产生的一切损失及后果由承包人承担。</u>

3.3　承包人人员

3.3.1　承包人提交项目管理机构及施工现场管理人员安排报告的期限：<u>执行通用条款。</u>

3.3.3　承包人无正当理由拒绝撤换主要施工管理人员的违约责任：<u>发包人有权要求承包人承担每人壹万元（10000 元）的违约金，且视为施工管理人员（备过案主要管理人员）擅自离开施工现场情况，由此产生的一切损失及后果由承包人承担。</u>

3.3.4　承包人主要施工管理人员离开施工现场的批准要求：<u>执行通用条款由总监理工程师批准，发包人认可方可离开。</u>

3.3.5　承包人擅自更换主要施工管理人员（名单见附件 6）的违约责任：<u>发包人有权要求承包人承担每人叁仟元（3000 元）的违约金，并视为管理人员缺勤。</u>

承包人主要施工管理人员擅自离开施工现场的违约责任：<u>发包人有权要求承包人承担每人每天伍佰元（500 元）的违约金（无故离开）。</u>

3.5　分包

3.5.1　分包的一般约定

禁止分包的工程包括：<u>招标范围的所有工程。</u>

主体结构、关键性工作的范围：<u>＿＿＿＿＿＿—＿＿＿＿＿＿＿</u>。

3.5.2　分包的确定

允许分包的专业工程包括：<u>＿＿＿＿＿＿—＿＿＿＿＿＿＿</u>。

其他关于分包的约定：<u>＿＿＿—＿＿＿＿＿＿</u>。

3.5.4　分包合同价款

关于分包合同价款支付的约定：<u>＿＿＿＿＿—＿＿＿＿＿＿＿</u>。

3.6　工程照管与成品、半成品保护

承包人负责照管工程及工程相关的材料、工程设备的起始时间：<u>执行通用条款＿＿＿</u>。

3.7　履约担保

承包人是否提供履约担保：<u>＿＿＿提供＿＿＿</u>。

承包人提供履约担保的形式、金额及期限：<u>担保金提供保函，金额为合同价款的 5%，承包人工程竣工验收合格后自动解除。</u>

4　监理人

4.1　监理人的一般规定

关于监理人的监理内容：<u>见监理合同＿＿＿＿＿＿＿</u>。

关于监理人的监理权限：<u>见监理合同＿＿＿＿＿＿＿</u>。

关于监理人在施工现场的办公场所、生活场所的提供和费用承担的约定：<u>承包人免费提供办公室 1 间，值班室 1～2 间。</u>

4.2　监理人员

总监理工程师：

姓　　名：＿＿＿＿×××＿＿＿＿；

职　　务：＿＿＿＿高级工程师＿＿＿＿；

监理工程师执业资格证书号：＿×××××××××＿；

联系电话：＿＿＿＿（略）＿＿＿＿；

电子信箱：＿＿＿＿（略）＿＿＿＿；

通信地址：＿＿××市××大道××号＿＿；

关于监理人的其他约定：＿＿＿＿＿＿。

4.4　商定或确定

在发包人和承包人不能通过协商达成一致意见时，发包人授权监理人对以下事项进行确定：

（1）＿＿＿＿＿－＿＿＿＿＿；

（2）＿＿＿＿＿－＿＿＿＿＿；

（3）＿＿＿＿＿－＿＿＿＿＿。

5　工程质量

5.1　质量要求

5.1.1　特殊质量标准和要求：合格标准　双方共同努力，争创中州杯，对于该项变更按程序甲方给予支持，积极协调有关部门批准，共同协商后工期顺延。

关于工程奖项的约定：＿＿＿＿－＿＿＿＿。

5.3　隐蔽工程检查

5.3.2　承包人提前通知监理人隐蔽工程检查的期限的约定：＿＿执行通用条款　共同检查前 48 小时书面通知监理人＿＿。

监理人不能按时进行检查时，应提前 12 小时提交书面延期要求。

关于延期最长不得超过：24 小时。

6　安全文明施工与环境保护

6.1　安全文明施工

6.1.1　项目安全生产的达标目标及相应事项的约定：要求达到《建筑施工安全检查标准》（JGJ59—2011）标准，承包人应遵守工程建设安全生产有关管理规定，严格按现行安全标准组织施工，并随时接受行业安全检查人员依法实施的监督检查，采取必要的安全防护措施，消除事故隐患，保证大楼四周人员通行安全，保护地下管线及其他隐蔽设施、保证大门内外卫生安全防护。（安全施工防护费用均已含在安全文明施工费中）。

6.1.4　关于治安保卫的特别约定：承包人负责施工场地及施工人员生活区的一切治安保卫工作。

关于编制施工场地治安管理计划的约定：承包人负责开工前提供。

6.1.5　文明施工

合同当事人对文明施工的要求：执行通用条款达到《建筑施工现场环境与卫生标准》（JGJ146—2004）。

6.1.6　关于安全文明施工费支付比例和支付期限的约定：执行通用条款，第一次支付 50%、第二次支付 30%、第三次支付 20%（除安全文明费中安全文明奖部分待拿到文明奖证时支付）。

7　工期和进度

7.1　施工组织设计

7.1.1　合同当事人约定的施工组织设计应包括的其他内容：<u>按通用条款执行</u>。

7.1.2　施工组织设计的提交和修改

承包人提交详细施工组织设计的期限的约定：<u>执行通用条款</u>。

发包人和监理人在收到详细的施工组织设计后确认或提出修改意见的期限：<u>执行通用条款</u>。

7.2　施工进度计划

7.2.2　施工进度计划的修订

发包人和监理人在收到修订的施工进度计划后确认或提出修改意见的期限：<u>执行通用条款</u>。

7.3　开工

7.3.1　开工准备

关于承包人提交工程开工报审表的期限：<u>执行通用条款</u>。

关于发包人应完成的其他开工准备工作及期限：<u>———</u>。

关于承包人应完成的其他开工准备工作及期限：<u>———</u>。

7.3.2　开工通知

因发包人原因造成监理人未能在计划开工日期之日起<u>　7　</u>天内发出开工通知的，承包人有权提出价格调整要求，或者解除合同。

7.4　测量放线

7.4.1　发包人通过监理人向承包人提供测量基准点、基准线和水准点及其书面资料的期限：<u>执行通用条款</u>。

7.5　工期延误

7.5.1　因发包人原因导致工期延误

（7）因发包人原因导致工期延误的其他情形：<u>双方协商解决</u>。

7.5.2　因承包人原因导致工期延误

因承包人原因造成工期延误，逾期竣工违约金的计算方法为：

<u>每延误一天违约金为壹万元</u>。

因承包人原因造成工期延误，逾期竣工违约金的上限：<u>叁拾万元</u>。

7.6　不利物质条件

不利物质条件的其他情形和有关约定：<u>———</u>。

7.7　异常恶劣的气候条件

发包人和承包人同意以下情形视为异常恶劣的气候条件：

（1）<u>———</u>；

（2）<u>———</u>；

（3）<u>———</u>。

7.9　提前竣工的奖励

7.9.2　提前竣工的奖励：<u>———</u>。

8 材料与设备

8.4 材料与工程设备的保管与使用

8.4.1 发包人供应的材料设备的保管费用的承担： ___——___ 。

8.6 样品

8.6.1 样品的报送与封存

需要承包人报送样品的材料或工程设备，样品的种类、名称、规格、数量要求： __按管理部门及发包人要求确定__ 。

8.8 施工设备和临时设施

8.8.1 承包人提供的施工设备和临时设施

关于修建临时设施费用承担的约定： __承包人负责办理与修建临时设施有关的事情，承担修建临时设施的费用且承担一切与临时设施有关的其他费用。__

9 试验与检验

9.1 试验设备与试验人员

9.1.2 试验设备

施工现场需要配置的试验场所： ___按相关规定执行___ 。

施工现场需要配备的试验设备： ___按相关规定执行___ 。

施工现场需要具备的其他试验条件： ___按相关规定执行___ 。

9.4 现场工艺试验

现场工艺试验的有关约定： ___——___ 。

10 变更

10.1 变更的范围

关于变更的范围的约定： ___执行通用条款___ 。

10.4 变更估价

10.4.1 变更估价原则

关于变更估价的约定：（1）已标价工程量清单中有适用于变更工作子目的，采用该子目的综合单价。

（2）已标价工程量清单中无适用于变更工作的项目，但有类似子目的，采用类似子目的综合单价。

（3）变更导致实际完成的变更工程量与已标价工程量清单中列明的该项目工程量的变化幅度超过15%的，或已标价工程量清单中无相同项目及类似项目单价的，核增造价＝按招标文件规定的计价依据计算造价×（1−投标让利系数）。

（4）当已标价工程量清单内容变更取消后，核减造价＝该清单工程量×原报清单综合单价

当以上变更影响到规费、措施费、税金的也做相应调整。

10.5 承包人的合理化建议

监理人审查承包人合理化建议的期限： ___执行通用条款___ 。

发包人审批承包人合理化建议的期限： ___执行通用条款___ 。

承包人提出的合理化建议降低了合同价格或者提高了工程经济效益的奖励的方法和金额为： ___——___ 。

10.7 暂估价

暂估价材料和工程设备的明细详见附件 11：《暂估价一览表》。

10.7.1 依法必须招标的暂估价项目

对于依法必须招标的暂估价项目的确认和批准采取第＿1＿种方式确定。

10.7.2 不属于依法必须招标的暂估价项目

对于不属于依法必须招标的暂估价项目的确认和批准采取第＿3＿种方式确定。

第 3 种方式：承包人直接实施的暂估价项目

承包人直接实施的暂估价项目的约定：由承包人报发包人核准签字后实施。

10.8 暂列金额

合同当事人关于暂列金额使用的约定：因暂列金额是由发包人暂定并掌握的款项，主要用于签订本合同时尚未确定或者不可预见的所需材料、工程设备、施工中可能发生的工程变更、合同约定调整因素出现时的合同价款调整以及发生的索赔、现场签证确定等的费用。只有承包人实施了上述内容，才能成为其应得款项，所以若按总合同价款比例拨款时，暂列金额不得作为支付合同价款的拨款基数。

11 价格调整

11.1 市场价格波动引起的调整

市场价格波动是否调整合同价格的约定：＿是＿。

因市场价格波动调整合同价格，采用以下第＿2＿种方式对合同价格进行调整：

第 1 种方式：采用价格指数进行价格调整。

关于各可调因子、定值和变值权重，以及基本价格指数及其来源的约定：＿—＿；

第 2 种方式：采用造价信息进行价格调整。

（2）关于基准价格的约定：

1）材料设备基准价格的约定：执行与招标控制价同期的价格，即××市建设工程造价管理机构批准印发的 2014 年第 3 期 6 月份《××建设工程造价信息》中的价格。

合同履行期间材料价格的调整：

①承包人在已标价工程量清单或预算书中载明的材料单价低于基准价格的：合同履行期间材料单价涨幅以基准价格为基础超过 5% 时，或材料单价跌幅以已标价工程量清单或预算书中载明材料单价为基础超过 5% 时，其超过部分据实调整。

②承包人在已标价工程量清单或预算书中载明的材料单价高于基准价格的：合同履行期间材料单价跌幅以基准价格为基础超过 5% 时，材料单价涨幅以已标价工程量清单或预算书中载明材料单价为基础超过 5% 时，其超过部分据实调整。

③承包人在已标价工程量清单或预算书中载明的材料单价等于基准单价的：合同履行期间材料单价涨跌幅以基准单价为基础超过 ±5% 时，其超过部分据实调整。

2）人工费单价基准价的确定：执行××省建筑工程标准定额站发布的 2014 年 4～6 月人工费综合指导价 70 元/定额综合工日。

合同履行期间人工费单价的调整：依据《××省住房和城乡建设厅关于进一步明确建设工程人工费计价问题的通知》（×建设标〔2011〕45 号）文的有关规定，人工费风险幅度为 10%。所以合同履行期间××省建筑工程标准定额站发布的人工费综合指导价大于 70×1.1＝77 元时，对超过部分进行调整。

第 3 种方式：其他价格调整方式：＿＿＿＿＿—＿＿＿＿＿。

12 合同价格、计量与支付

12.1 合同价格形式

1. 单价合同。

综合单价包含的风险范围：＿＿执行 11.1 条的第二种方式＿＿。

风险费用的计算方法：＿＿＿执行 11.1 条的第二种方式＿＿。

风险范围以外合同价格的调整方法：＿＿＿＿—＿＿＿＿。

2. 总价合同。

总价包含的风险范围：＿＿＿＿＿＿＿—＿＿＿＿＿＿＿。

风险费用的计算方法：＿＿＿＿＿＿—＿＿＿＿＿＿。

风险范围以外合同价格的调整方法：＿＿＿＿—＿＿＿＿。

3. 其他价格方式：＿＿＿＿＿＿—＿＿＿＿＿＿。

12.2 预付款

12.2.1 预付款的支付

预付款支付比例或金额：＿＿＿＿＿＿—＿＿＿＿＿＿。

预付款支付期限：＿＿＿＿＿—＿＿＿＿＿。

预付款扣回的方式：＿＿＿＿＿—＿＿＿＿＿。

12.2.2 预付款担保

承包人提交预付款担保的期限：＿＿＿＿—＿＿＿＿。

预付款担保的形式为：＿＿＿＿＿—＿＿＿＿＿。

12.3 计量

12.3.1 计量原则

工程量计算规则：依据《建设工程工程量清单计价规范》（GB 50500—2013）、《房屋建筑与装饰工程工程量计算规范》（GB 50854—2013）、《××省建设工程工程量清单综合单价》（2008）、《××省建设工程工程量清单计价实施细则》、××省建设厅关于贯彻2013 清单计价规范有关问题的通知（×建设标〔2014〕28 号、29 号）文件。

12.3.2 计量周期

关于计量周期的约定：＿＿按月进行计量＿＿。

12.3.3 单价合同的计量

关于单价合同计量的约定：执行通用条款＿＿＿＿＿。

12.3.4 总价合同的计量

关于总价合同计量的约定：＿＿＿＿—＿＿＿＿。

12.3.5 总价合同采用支付分解表计量支付的，是否适用第 12.3.4 项〔总价合同的计量〕约定进行计量：＿＿＿＿—＿＿＿＿。

12.3.6 其他价格形式合同的计量

其他价格形式的计量方式和程序：＿＿＿＿—＿＿＿＿。

12.4 工程进度款支付

12.4.1 付款周期

关于付款周期的约定：＿1 个月＿＿。

12.4.2 进度付款申请单的编制

关于进度付款申请单编制的约定：

（1）合同价款

（2）应扣金额

（3）截至本次付款周期已完成清单工作对应的金额；

（4）已付工程款；

（5）对应本次付款周期应付工程款；

12.4.3 进度付款申请单的提交

（1）单价合同进度付款申请单提交的约定：<u>每月的 28 日之前承包人应将截至该月 25 日之前的工程进度完成清单数量，提交给监理人审核。监理人通过计量方式核实工程量和确定价款，经发包人认可后并据此价款按照合同约定向承包人进行支付。</u>

（2）总价合同进度付款申请单提交的约定：<u>　　　—　　　</u>。

（3）其他价格形式合同进度付款申请单提交的约定：<u>　　—　　</u>。

12.4.4 进度款审核和支付

（1）监理人审查并报送发包人的期限：<u>执行通用条款</u>。

发包人完成审批并签发进度款支付证书的期限：<u>14 天</u>。

（2）发包人支付进度款的期限：<u>执行通用条款</u>。

发包人逾期支付进度款的违约金的计算方式：<u>　　—　　</u>。

工程进度款支付方法：<u>按照付款申请单提供的所完成清单工程量，依据清单费用支付所完成工程量价款的 75%，项目全部完成时支付所有完成工程量价款的 80%，竣工验收合格后支付至合同价款（暂列金额、暂估价视情况而定）的 75%；承包人报送竣工结算资料，发包人办理竣工结算文件（造价咨询机构全程介入），在竣工结算文件报送政府部门期间，根据竣工结算文件，支付到该核定额的 85%，政府部门审定后付至审定决算额的 95%。留 5% 质保金待保修期满后 30 个工作日内付清。</u>

12.4.6 支付分解表的编制

1. 总价合同支付分解表的编制与审批：<u>　　　—　　　</u>。

2. 单价合同的总价项目支付分解表的编制与审批：<u>　　—　　</u>。

13. 验收和工程试车

13.1 分部分项工程验收

13.1.2 监理人不能按时进行验收时，应提前<u>24</u>小时提交书面延期要求。

关于延期最长不得超过：<u>48</u>小时。

13.2 竣工验收

13.2.2 竣工验收程序

关于竣工验收程序的约定：<u>执行通用条款，相关部门的验收程序由相关部门确定（发包方积极协调相关部门）</u>。

发包人不按照本项约定组织竣工验收、颁发工程接收证书的违约金的计算方法：<u>双方协商解决，工期顺延</u>。

13.2.5 移交、接收全部与部分工程

承包人向发包人移交工程的期限：<u>执行通用条款</u>。

发包人未按本合同约定接收全部或部分工程的，违约金的计算方法为：<u>双方协商解决</u>。

承包人未按时移交工程的，违约金的计算方法为：<u>双方协商解决</u>。

13.3 工程试车

13.3.1 试车程序

工程试车内容：<u>　　　　　　　—　　　　　　　</u>。

（1）单机无负荷试车费用由<u>　　　　—　　　　</u>承担；

（2）无负荷联动试车费用由<u>　　　　—　　　　</u>承担。

13.3.3 投料试车

关于投料试车相关事项的约定：<u>　　　—　　　</u>。

13.6 竣工退场

13.6.1 竣工退场

承包人完成竣工退场的期限：<u>颁发工程接收证书后 7 天内完成工程的移交</u>。

14 竣工结算

14.1 竣工结算申请

承包人提交竣工结算申请单的期限：<u>　　　—　　　</u>。

竣工结算申请单应包括的内容：

（1）<u>竣工结算价格</u>

竣工结算计价方法：按发、承包双方认可的实际完成的工程量（符合质量要求及2013 年清单计价规范、计量规范计算规则）进行计价。

发、承包双方认可的实际完成的工程量包括：已标价工程量清单的工程量（含偏差超过 ±3% 部分增减工程量）；承包人实施专业暂估价的工程量；增加（减少）项目、签证、变更、索赔等增加（减少）的工程量。

最终结算总价款＝合同总价（不含：暂估价、暂列金额、社会保障费、安文费中奖励费）

　　　　　　　　　＋材料和工程设备暂估价双方最终确认价

　　　　　　　　　＋承包人实施的专业暂估价

　　　　　　　　　＋增加（减少）项目、签证、变更、索赔等增加的价款

　　　　　　　　　＋其他费用（安全文明施工费中的奖励费、优质优价奖励费、总承
　　　　　　　　　　包服务费）

计价时：合同总价中已标价工程量清单有误按本合同 1.13 条款约定调整价款；

暂估价的材料（设备）按发、承包双方最终确认价在综合单价中调整；

承包人实施的专业暂估价按中标价或发、承包双方最终确认合同价计算；

增加（减少）项目、签证、变更、索赔等增加的价款按本合同 10.4.1 条款约定计算；

人工费、材料费单价调整按本合同 11.1 条款第二种方式约定计算；

其他费用指：合同约定获得省、市安全文明工地称号的奖励费；

合同约定优质优价的奖励费；

总承包服务费：如专业暂估价由发包人另行发包，且施工中要求总承包人配合，或承包范围以外的专业工程施工时要求总承包人配合，则总承包人按规定计取总承包服务费。

注：社会保障费由市建设劳保办统一管理，一般是建设单位按编制招标控制价时的金额上缴给市建设劳保办，市建设劳保办再按规定返还中标单位。

（2）发包人已支付承包人的款项；

（3）应扣留的质量保证金；

（4）其他合计应扣款；

（5）发包人应支付承包人的工程价款。

14.2 竣工结算审核

最终结算审核：发包人在接到承包人提交的竣工结算文件后 90 天内完成竣工结算总价款的初步审核意见，然后反馈给承包人，承包人要在 28 天内予以答复。如政府有关部门需要对发包人审核结果进行核定的，期限及竣工结算总价款以政府有关部门审定的结果为准。

发包人审批竣工付款申请单的期限：政府有关部门审定结果接到日期后 14 天内。

发包人完成竣工付款的期限：竣工付款申请单审批后 14 天内。

关于竣工付款证书异议部分复核的方式和程序：__双方协商__。

14.3 最终结清

14.3.1 最终结清申请单

承包人提交最终结清申请单的份数：__根据需要__。

承包人提交最终结算申请单的期限：__—__。

14.3.2 最终结清证书和支付

（1）发包人完成最终结清申请单的审批并颁发最终结清证书的期限：__按合同付款约定执行__。

（2）发包人完成支付的期限：__按合同付款约定执行__。

15 缺陷责任期与保修

15.1 缺陷责任期

缺陷责任期的具体期限：__24 个月__。

15.2 质量保证金

关于是否扣留质量保证金的约定：__扣留__。

15.2.1 承包人提供质量保证金的方式

质量保证金采用以下第__2__种方式：

（1）质量保证金保函，保证金额为：__—__；

（2）__5__% 的工程款；

（3）其他方式：__—__。

15.2.2 质量保证金的扣留

质量保证金的扣留采取以下第__2__种方式：

（1）在支付工程进度款时逐次扣留，在此情形下，质量保证金的计算基数不包括预付款的支付、扣回以及价格调整的金额；

（2）工程竣工结算时一次性扣留质量保证金；

（3）其他扣留方式：__—__。

关于质量保证金的补充约定：__—__。

15.3 保修

15.3.1 保修责任

工程保修期为：__按法定保修期，见工程质量保修书__。

15.3.3 修复通知

承包人收到保修通知并到达工程现场的合理时间：__12 小时__。

16 违约

16.1 发包人违约

16.1.1 发包人违约的情形

发包人违约的其他情形：_____—_____

16.1.2 发包人违约的责任

发包人违约责任的承担方式和计算方法：

（1）因发包人原因未能在计划开工日期前 7 天内下达开工通知的违约责任：__工期顺延，双方协商解决__。

（2）因发包人原因未能按合同约定支付合同价款的违约责任：__工期顺延，双方协商解决__。

（3）发包人违反第 10.1 款（变更的范围）第（2）项约定，自行实施被取消的工作或转由他人实施的违约责任：__发包人承担因此给承包人造成的损失__。

（4）发包人提供的材料、工程设备的规格、数量或质量不符合合同约定，或因发包人原因导致交货日期延误或交货地点变更等情况的违约责任：__工期顺延，承担相应损失__。

（5）因发包人违反合同约定造成暂停施工的违约责任：__工期顺延，发包人承担因此给承包人造成的损失__。

（6）发包人无正当理由没有在约定期限内发出复工指示，导致承包人无法复工的违约责任：__工期顺延，双方协商解决__。

（7）其他：_____—_____。

16.1.3 因发包人违约解除合同

承包人按 16.1.1 项〔发包人违约的情形〕约定暂停施工满 __90__ 天后发包人仍不纠正其违约行为并致使合同目的不能实现的，承包人有权解除合同。

16.2 承包人违约

16.2.1 承包人违约的情形

承包人违约的其他情形：__（1）擅自更换项目经理（2）无正当理由拒绝更换项目经理__。

16.2.2 承包人违约的责任

承包人违约责任的承担方式和计算方法：__承包人未按照程序报验的，每次向发包人支付壹仟元（1000 元）违约金。违约金在发包人履行书面告知程序（监理签发）后，于最近一次工程进度款中扣除__。

16.2.3 因承包人违约解除合同

关于承包人违约解除合同的特别约定：_____—_____

发包人继续使用承包人在施工现场的材料、设备、临时工程、承包人文件和由承包人或以其名义编制的其他文件的费用承担方式：_____—_____。

17 不可抗力

17.1 不可抗力的确认

除通用合同条款约定的不可抗力事件之外，视为不可抗力的其他情形：＿＿＿＿＿＿ —
＿＿＿＿＿＿ 。

17.2 因不可抗力解除合同

合同解除后，发包人应在商定或确定发包人应支付款项后＿28＿天内完成款项的支付。

18 保险

18.1 工程保险

关于工程保险的特别约定：<u>工程竣工交接前与工程有关的一切保险由承包人负责。</u>

18.2 其他保险

关于其他保险的约定：＿＿＿＿＿＿ — ＿＿＿＿＿＿ 。

承包人是否应为其施工设备等办理财产保险：＿＿＿ — ＿＿＿ 。

18.3 通知义务

关于变更保险合同时的通知义务的约定：＿<u>承包人</u>＿ 。

19 争议解决

19.1 争议评审

合同当事人是否同意将工程争议提交争议评审小组决定：<u>否</u>＿ 。

19.1.1 争议评审小组的确定

争议评审小组成员的确定：＿＿＿＿ — ＿＿＿＿ 。

选定争议评审员的期限：＿＿＿＿ — ＿＿＿＿ 。

争议评审小组成员的报酬承担方式：＿＿＿ — ＿＿＿ 。

其他事项的约定：<u>因合同造价引起的争议，提请××市建设工程标准定额管理站裁定，双方对裁定结果意见不一致时，再按 19.2 条款约定解决。</u>

19.1.2 争议评审小组的决定

合同当事人关于本项的约定：＿＿＿＿ — ＿＿＿＿ 。

19.2 仲裁或诉讼

因合同及合同有关事项发生的争议，按下列第＿1＿种方式解决：

（1）向＿＿×× 市＿＿仲裁委员会申请仲裁；

（2）向＿＿×× 市＿＿人民法院起诉。

附件

附加协议

专用合同条款附件：

附件 1：承包人承揽工程项目一览表（略）

附件 2：发包人供应材料设备一览表（略）

附件 3：工程质量保修书

附件 4：主要建设工程文件目录（略）

附件 5：承包人用于本工程施工的机械设备表（略）

附件 6：承包人主要施工管理人员表（略）

附件 7：分包人主要施工管理人员表（略）

附件 8：履约担保格式（略）

附件 9：预付款担保格式（略）

附件 10：支付担保格式（略）

附件 11：暂估价一览表（略）

附加协议：

（1）如因特殊情况工程进度款未及时拨付的不能影响工程进度，未及时拨付的双方协商解决。

（2）如无正当理由未按月计划完成工程进度的，从此次进度款中暂扣伍拾万元（50万），待下次月进度赶上后随工程进度款拨付。

（3）施工过程中严格按施工规范施工，如发现不按规范施工、野蛮施工、偷工减料情况每次罚款伍仟元（5000）元。

（4）材料质量、规格、型号均按设计要求提供样品经发包人认可，否则不得使用，擅自使用一切损失由承包人负责。

（5）商品混凝土的质量由发包人、监理、承包人三方动态控制，从厂家的原材料配料开始到现场混凝土成品。

（6）施工过程中除发包人需要办理的与工程有关的正常手续外，发生的任何关系处理及手续办理均由承包人负责处理。

（7）承包人即为整个工程总承包人，必须履行总承包职责，负责各专业的配合问题，负责用建筑信息模型模拟各种管道布局控制吊顶标高，标高由发包人确定。如发现无理由又不配合其他专业正常施工的情况，每次处罚壹仟元（1000）元。

（8）总承包服务费按投标文件执行，专业施工配合费依据河南省住房和城乡建设厅文件豫建设标〔2014〕29号文执行。

（9）竣工验收后，承包人必须按发包人要求的时间内对验收中提出的问题进行整改。

（10）因甲方提供图纸不够，图纸由乙方复印，甲方负责协调盖章。

（11）关于工期延误的约定：出现双方认为合理的事项工期顺延，双方认为不合理的事项双方协商解决。

（12）发包人委托的第三方未在120天内完成审核，预期视为发包人已认可承包人提交结算报告总价款，发包人应按此总价款结清余款。

（13）让利约定：规费、安全文明措施费、双方共同认质认价的暂估价材料，不再让利。

（14）本工程项目的设计变更、签证、新增工程项目、估计暂列项目等价格调整，金额累计超过50万时即时支付，按施工期间的工程进度款的付款约定同比例支付承包人。

附件3：

工程质量保修书

发包人（全称）： _____

承包人（全称）： _____

发包人和承包人根据《中华人民共和国建筑法》和《建设工程质量管理条例》，经协商一致就_____（工程全称）签订工程质量保修书。

一、工程质量保修范围和内容

承包人在质量保修期内，按照有关法律规定和合同约定，承担工程质量保修责任。

质量保修范围包括地基基础工程、主体结构工程，屋面防水工程、有防水要求的卫生间、房间和外墙面的防渗漏，供热与供冷系统，电气管线、给排水管道、设备安装和装修工程，以及双方约定的其他项目。具体保修的内容，双方约定如下：

<u>施工范围的所有工程</u>。

二、质量保修期

根据《建设工程质量管理条例》及有关规定，工程的质量保修期如下：

1. 地基基础工程和主体结构工程为设计文件规定的工程合理使用年限；

2. 屋面防水工程、有防水要求的卫生间、房间和外墙面的防渗为__5__年；

3. 装修工程为__2__年；

4. 电气管线、给排水管道、设备安装工程为__—__年；

5. 供热与供冷系统为__—__个采暖期、供冷期；

6. 住宅小区内的给排水设施、道路等配套工程为__—__年；

7. 其他项目保修期限约定如下：

_____。

质量保修期自工程竣工验收合格之日起计算。

三、缺陷责任期

工程缺陷责任期为__48__个月，缺陷责任期自工程竣工验收合格之日起计算。单位工程先于全部工程进行验收，单位工程缺陷责任期自单位工程验收合格之日起算。

缺陷责任期终止后，发包人应退还剩余的质量保证金。

四、质量保修责任

1. 属于保修范围、内容的项目，承包人应当在接到保修通知之日起7天内派人保修。承包人不在约定期限内派人保修的，发包人可以委托他人修理。

2. 发生紧急事故需抢修的，承包人在接到事故通知后，应当立即到达事故现场抢修。

3. 对于涉及结构安全的质量问题，应当按照《建设工程质量管理条例》的规定，立即向当地建设行政主管部门和有关部门报告，采取安全防范措施，并由原设计人或者具有相应资质等级的设计人提出保修方案，承包人实施保修。

4. 质量保修完成后，由发包人组织验收。

五、保修费用

保修费用由造成质量缺陷的责任方承担。

六、双方约定的其他工程质量保修事项：_____。

工程质量保修书由发包人、承包人在工程竣工验收前共同签署，作为施工合同附件，其有效期限至保修期满。

发包人（公章）：_____ 承包人（公章）：_____

地　　址：_____ 地　　址：_____

法定代表人（签字）：_____ 法定代表人（签字）：_____

委托代理人（签字）：_____ 委托代理人（签字）：_____

电　话：_____　　　电　话：_____

传　真：_____　　　传　真：_____

开户银行：_____　　开户银行：_____

账　号：_____　　　账　号：_____

邮政编码：_____　　邮政编码：_____

第七章　施工阶段计量与结算

第一节　施工阶段计量与结算

一、施工阶段计量

施工阶段的计量，主要是指进度工程量的计量与统计，是支付进度款、办理进度结算的基础，是整个项目实施过程中计价的关键工作，也是对前期招投标、清单及控制价的编制、施工合同签订是否存在瑕疵的检验。因许多问题会在这个阶段暴露出来，如招标人下发的工程量清单是否存在漏项或多项、工程量的准确程度（尤其是钢筋与混凝土等主要工程量的多算还是少算）、综合单价的高低、控制价的高低、材料暂估价及专业暂估价在实施中出现的问题等。因此，工程实施阶段的工程计量，不但要求计量准确，还要方便进度款的支付及有关问题的处理。

（一）核实清单工程量

为了减少施工过程中的造价纠纷，作为招标人（或聘请工程造价咨询机构），在签订施工合同之后，首要的技术工作就是核实清单工程量，这是一项非常细致、重要的工作。除了检查项目编码是否有误、项目特征的描述是否到位并否符合本省计价定额要求、项目名称是否与图纸一致外，更重要的是要对清单工程量重新计算、核实招标的清单工程量，了解、掌握招标清单工程量的误差率，以便对因招标工程量误差引起的合同价款调整做到心中有数。工程量的计算方法与计算招标工程量清单要求相同，即依据招标图纸、招标范围、招标答疑、2013 年计量规范、2013 年计价规范、省级建设行政主管部门下发的与2013 年计价规范配套使用的文件等；计算工程量的质量要求：反复核对，必须准确，其精确度必须远远高于招标的工程量清单，即便是有误差，一般不要超过 1%。

但在工程实践中，招标工作结束之后很少有招标人对招标工程量清单进行再次检查、重新计算和核实的，对招标工程量清单的准确程度心中无数；施工阶段也很少有造价咨询单位的介入；中标人为了弥补投标让利损失又再千方百计地寻找索赔机会，而监理机构对有关清单造价方面的问题不能及时处理等原因，是造成最后造价纠纷问题堆积的根本所在。

详见：清单工程量核实情况统计表（7-01）。

（二）分析已标价工程量清单

招标人在对招标工程量清单核实之后，还要对投标人的已标价工程量清单进行分析。

首先要分析综合单价的报价情况，特别是要弄清综合单价采用不平衡报价的情况，哪些清单综合单价的报价比招标控制价高，提高比例是多少？哪些清单综合单价的报价比招标控制价低，降低比例是多少？通过对中标人不平衡报价的分析，可了解到招标工程量清单的准确程度，弄清编制清单的失误在哪里，并制定相应的弥补措施。

其次是分析安全文明施工措施费及规费报价情况，由于部分招标文件的评标办法是原则性强、可操作性差，评委不便判断、个别评委责任心不强或电子评标使评委无法核实等原因，安全文明施工措施费及规费报价与招标控制价的数额相差太大的情况经常出现。如果与招标控制价的数额相差太大，必须予以纠正，使其符合 13 清单计价规范及各省计价定额、计价办法的规定。

还要分析其他项目清单报价情况，主要分析招标人部分（暂列金额、专业暂估价）和总承包服务费的报价情况。按照 2013 年清单计价规范规定，投标人报价时对招标人部分是不允许修改的，但事实上修改招标人部分的情况经常出现。对于总承包服务费报价，尽管属于投标人自主报价，但由于清单描述不清或投标人的不理解，有的报价甚至与专业暂估价的数额一样。因此，对于与 2013 年清单计价规范相违背的报价，必须通知中标人在签订合同时进行调整。

（三） 核实进度工程量

在正常情况下，工程施工进度款一般是按每月完成工程量的多少进行支付的，因此，对施工单位每月所报完成的工程量，发包人要及时（具体时间双方要在施工合同中约定）计算和审核。

分部分项工程量的计算核实，主要是对已经发生的分部分项工程量要按 2013 年计量规范计算规则进行计算统计，这里特别注意的是对层高不同的工程量要分别计算和统计，以便于进度价款的计算和支付。为了防止施工企业多报、虚报和重报，每次都要对施工单位所报的进度工程量进行认真核实，并和施工单位达成一致意见，然后乘以相应的综合单价报价，计算出应支付的实体项目的进度款。但施工企业每月所报完成的工程量，并不是图纸上所表示某些实体（如混凝土梁、柱、板、钢筋等）的完整工程量，也不是整层、整块（有伸缩缝时）的工程量，就单体工程而言甚至不在同一层；若项目有多个单项工程，可能存在每个单体工程的进度也不一样：有的正在施工桩基，有的正在施工基础，有的正在施工一层，有的正在施工二层等。如某单项工程某月主体工程量统计：某段正在施工三层，三层的工程量已完成不足 1/2；某段正在施工二层，二层的工程量已完成 3/4。为了方便工程量的统计，对于每层内整体构件，如每层内的混凝土墙，若将完整的一段墙分开计量，不但很不现实，也势必给下期工程计量带来很大麻烦。我们在实践中核实统计某段某层工程量采用的办法是：对垂直面上的工程量，如混凝土墙、柱，已完成 3/4 的构件按全部完成计算，下次扣除多算部分；已完成不足 1/2 的则不统计，下次增加本次未算部分；对水平面上的工程量，如混凝土板、梁，按层内以伸缩缝或后浇带位置分段统计工程量，段内对某一清单工程量的计算尽量不分开计量；对于分散在不同构件中的分部分项工程，如电气预埋管项目，由于该部分招标工程量计算时不容易区分埋管是在混凝土构件内还是在砌体构件内，可以暂时按不超过层内总工程量的百分比计算，但不能超过总工程量，且记录已经计算比例，以备后期计量使用；对于分部分项工程有少量未完成的部分工程，如砌体中预留的少量施工洞口，施工洞口为不规则形状，不容易统计工程量，如果扣除该部分工程量，则势必给下期计量工作带来麻烦，可暂按完成层内的全部计量；对于只完成很小部分的分部分项工程，如现浇混凝土基础中柱的插筋、墙的插筋，为方便下次整体柱、墙钢筋的计量，可暂不计量。这样处理不是不准确计量，而是尽量不拆分完整的分部分项工程，方便以后的计量和统计，减少对同一构件多次、分段计量的现象。

由于目前相当一部分项目开工前拨付预付款的情况很少，都是按完成工程量的一定比例支付进度款，对于多道工序完成后才能符合计价要求的工程量，如楼地面、顶棚及内外墙装饰等，国内大多数省份的计价定额基层与面层均在一个子目内，若按完整的清单项目特征要求统计计算工程量，可能存在支付进度款周期太长，给施工企业采购材料、支付施工人员工资、租赁设备、上缴税费等造成一定的资金压力。对于此种情况，应根据具体施工进度、该清单项目基层与面层在综合单价报价中所占比例，经发承包双方协商，每月按一定比例支付进度款，直至最终完成符合清单项目名称、内容及特征要求的工程量时，再按完成的具体工程量进行计量，并支付相应的剩余价款。

单价措施项目工程量的计算核实。对已经发生且与分部分项工程相关联的单价措施项目工程量，如现浇混凝土模板工程，与相应的现浇混凝土构件相对应；对已经发生的与分部分项工程不相关联的单价措施项目工程量，如脚手架、垂运费等项目，由于目前只施工混凝土主体结构，没有施工砌体和装修，所以脚手架、垂运费工程量可暂按本层面积的一定比例计算，记录已经计入的比例，以备后期计量使用，待所有项目完成后，再计算剩余比例的工程量。

变更、签证工程量按 2013 年计量规范计算规则计算实际发生的工程量：

对当月能全部完成的变更、签证工程量（如地面垫层），完成后一次计算；对影响造价不大、当月可能不能完成的变更、签证工程量（如某 25 层楼的卫生间垫层、防水），是完成后一次性计算工程量还是分次计算，由发承包双方协商解决；对工期较长的外墙装饰变更，其工程量统计应与正常的装饰项目相同，即双方协商解决，便于进度价款的支付；对于装饰材料的材质、品牌、规格、等级的变更，会引起材料价格的变化，双方对材料价格的变化引起合同价款的调整按合同约定执行；对于变更后取消的工程量清单项目，应在总统计表（显示原招标工程量清单的统计表）中直接划掉，或在备注栏中注明"已取消"，值得注意的是尽管是变更后取消的项目，但总统计表中必须显示此项内容；对于变更后新增的工程量清单项目，应在总统计表备注栏中注明"新增项目"，并按进度计算实际完成的工程量。

从项目变更工程量的计算和统计就可以看出，在编制招标工程量清单时，对项目特征中标注构件部位（块料装饰材料还要标注材质、规格）、用途的必要性。

在项目施工过程中工程量统计时，还可能出现下列情况：由总承包人实施的装饰清单项目，部分清单项目改由发包人另行发包；由发包人另行发包的专业工程，改由总承包人直接施工；招标时未确定谁来实施的专业暂估价项目，可能由总承包人实施，也可能由发包人另行发包；项目投资发生了改变、项目规模发生了变化或单独的装饰项目，招标时的图纸与实际施工的图纸完全是两回事，招标工程量清单已无法采用；招标后几个月或一年以后再开工，由于市场变化、政策变化，招标时的清单综合单价报价已无法采用；由于计价定额中的个别子目与实际不符，导致综合单价报价脱离实际，偏差太大：如桩基工程中的泥浆运输，招标工程量清单中是泥浆运输，而现场并不发生泥浆运输的内容，因施工中实际都是就地晾晒，变成湿土后再运出，但泥浆运输与土的运输价格，不管是计价定额子目，还是市场实际，相差特别大。对于上述情况，作为发包人（或聘请专业造价咨询机构）要正确对待，在签订施工合同或事件发生之初约定计量计价方案，防止实施过程中造价纠纷的发生。

详见：工程计量申请（核准）表（7-02）、进度工程量统计表（7-03）。

清单工程量核实情况统计表 （7-01）

工程名称： 标段： 第 页 总 页

序号	项目编码	项目名称及特征	计量单位	原清单工程量	核实后工程量	误差率	控制价单价	投标单价	偏差率	备注

工程计量申请 （核准） 表（7-02）

工程名称： 标段： 第 页 总 页

序号	项目编码	项目名称	计量单位	承包人申报数量	发包人核实数量	备注

承包人代表：	监理工程师：	造价工程师：	发包人代表：
日期：	日期：	日期：	日期：

进度工程量统计表（7-03）

工程名称：　　　　　　　　　　　　　　　标段：　　　　　　　　　　　　　　　第　页　总　页

序号	项目编码	项目名称及特征	计量单位	原清单工程量	投标单价	核准进度工程量				核准工程量累计	剩余工程量	剩余金额	最终确认总工程量
						第一次	第二次	第三次	第 N 次				

二、进度计价和结算

实体项目，即分部分项工程量清单根据发承包双方共同确认的进度工程量乘以投标单价进行计价和结算。

招标工程量清单中已经有的分部分项工程量的综合单价，按投标单价或已修正单价（若有）执行。

工程量误差、变更、签证等增加（或减少）项目按合同约定办法计价。但应单独列项，即不宜和原投标工程量清单合并计算，以便最终确认项目总共增加（或减少）的价款。

材料价格调整（指投标人自购材料）：依据双方在施工合同专用条款 11.1 中约定，因市场价格波动引起材料价格上涨或下跌，以某施工合同为例，其调整方法如下：

材料设备基准价格的约定：执行与招标控制价同期的价格，即××市建设工程造价管理机构印发的 2013 年第 6 期（11～12 月份）《××建设工程造价信息》中的价格。

合同履行期间材料价格的上涨或下跌，是指施工期间发承包双方共认的价格（可能是当地造价管理机构发布的信息价，也可能是考察后确认的价格）与编制招标控制价时的信息价（基准价格）相比较。

合同履行期间材料价格的调整：

（1）承包人在已标价工程量清单或预算书中载明的材料单价低于基准价格的：合同履行期间材料单价涨幅以基准价格为基础超过 5% 时，或材料单价跌幅以已标价工程量清单或预算书中载明材料单价为基础超过 5% 时，其超过部分据实调整。

（2）承包人在已标价工程量清单或预算书中载明的材料单价高于基准价格的：合同履行期间材料单价跌幅以基准价格为基础超过 5% 时，材料单价涨幅以已标价工程量清单或预算书中载明材料单价为基础超过 5% 时，其超过部分据实调整。

（3）承包人在已标价工程量清单或预算书中载明的材料单价等于基准单价的：合同履行期间材料单价涨跌幅以基准单价为基础超过 ±5% 时，其超过部分据实调整。

作为跟踪服务的造价咨询机构，专业人员首先应按发承包双方共同认可的工程量，按本省计价定额规定分析材料数量和品种，并将各材料的招标控制价格、投标价格、施工阶段市场信息价格等列入表中，看是否超过 5%，按上述合同约定的调整办法进行调整。具体详见下表：

2014 年 ××月进度结算材料调价表

工程名称：××综合大楼（基础部分）　　　　　　　　　　　　　单位：元

序号	材料名称	用量	基准价格	投标报价	施工阶段发承方共认价	基准价差（共认价—基准价）	调价风险基数	调价风险基数×5%	应调单价差（超5%部分）	应调价差合计
1	C15 商混凝土	530m³	268	252	270	+2	268	13.4	0	0
2	C40 商混凝土	7490m³	326	330	330	+4	330	16.5	0	0
3	钢筋 φ10 以内 I 级	30.30T	3580	3580	3240	−340	3580	179	−161	−4878.3

续表

序号	材料名称	用量	基准价格	投标报价	施工阶段发承方共认价	基准价差（共认价—基准价）	调价风险基数	调价风险基数×5%	应调单价差（超5%部分）	应调价差合计
4	钢筋φ10以内Ⅲ级	297.93T	3675	3530	3330	-345	3530	176.5	-168.5	-50201.2
5	钢筋φ12-14Ⅲ级	351.49T	3740	3590	3370	-370	3590	179.5	-190.5	-66958.9
6	钢筋φ16以上Ⅲ级	649.71T	3635	3460	3290	-345	3460	173	-172	-111750.1
										-233788.5

注：基准价格中的材料价格为2013年底当地造价管理机构发布的信息价；施工阶段为2014年3~4月份；材料是否调价，主要看涨跌幅度是否超过5%。

在项目实施过程中，材料还会出现：①原招标时中标人自购的材料变为发包人指定价，此时的材料调差为：材料用量×（发包人指定价－基准价格）；②原发包人供应材变为中标人自购，则材料调差应为：材料用量×（发承双方共认单价－招标单价），这种情况的招标单价与投标单价应该是一致的。上述两种情况的风险均由发包人承担，所以与承包人结算时不应再计算风险系数。在实际进度结算过程中，因原招投标时材料价格已计入综合单价，而此时调整的材料若也进入综合单价，势必造成每种材料的调价情况不能一目了然，表达方式很不直接，除计算者本人当时清楚外，别人则根本看不明白。所以，为了便于发包人管理和日后的审计，我们采用上述表格的方法单独列项调整。

单价措施项目费中的模板使用费，根据进度工程量乘以投标单价进行计价和结算。

单价措施项目费中的脚手架使用费、垂直运输机械费尽管可以计量，并不能随工程进度拆分计量，因这两项措施费主体部分占的比重较大，所以发承包双方可根据进度协商计量比例，按投标单价进行结算。

单价措施项目费中的建筑物超高施工增加费、地下室施工照明增加费，也无办法按施工进度拆分计量，而这两项在后期施工中占比例较大，同样双方可根据总工程量协商计量比例，按投标单价进行结算。

其余单价措施费，可根据不同情况，参照以上办法进行结算。

总价措施项目费（不含安全文明费），按已完成分部分项工程和单价措施项目清单费用之和占总分部分项工程和单价措施项目清单费的百分比计算。

建设行政主管部门有对安全文明费、规费规定的，按规定执行，无规定的按已完成分部分项工程和单价措施项目清单费用之和占总分部分项工程和单价措施项目清单费的百分比计算。

总之，施工阶段工程计量和进度计价的具体操作：首先，对招标工程量清单进行重新计算和核实，对招标工程量清单的误差率做到心中有数；其次是核实已标价工程量清单与招标工程量清单比较，看是否完全一致；将已标价分部分项工程量清单和单价措施项目清单中增加各期完成工程量列、价款，进行统计完成工程量列、价款，并以此为基数计算总价措施、规费和税金；为便于材料价格调整，还要将投标人报价时的材料用量、材料单价及基准价格等制成"材料调价表"，供进度结算时使用。本操作可借助于有强大计算功能的 Excel 表来完成，并统计提示剩余工程量和价款；工程竣工之后还要计算核实实际完成的总工程量，并按合同约定办法计算最终价款。

第二节　竣工结算纠纷案例

以某体育馆建设为例，采用清单计价招标，由于施工图纸变化太大，加上资金等问题，最终无法按清单计价报价结算，而采用以实结算的方法。在十多年的清单计价实施过程中，尤其是政府投资的项目，采用清单计价招标，最终采用以实结算情况非常普遍。

该项目竣工结算纠纷产生原因：××市体育馆工程为市政府以 BT 模式招商项目，并委托××大学为项目管理单位，计价方式采用清单计价模式，2010 年 5 月份完成了招标工作，××建设集团中标，即该项目由××建设集团（也是总承包单位）与××市政府共同投资，合同约定各投资 50%。由于 BT 项目担保等问题，直至 2010 年 8 月份才正式签订施工合同并开始施工，合同工期要求 2012 年 8 月 16 日前竣工。在施工过程中：①首先受到银行贷款政策性冲击，××建设集团资金出现困境，不再继续投资；②接着是 2011 年春季开始用工荒和市场人工费大幅上涨，专业劳务分包人员多次到市政府上访，按原来签订的劳务费合同已无法完成施工任务，要求提高工资标准；③图纸发生了很大变化：招标时采用的是初步设计图纸，而施工采用的是审查后的施工图纸，和招标图纸相比较，45% 的内容发生了变化；④政府压缩工期：要求 2011 年底必须投入使用，使施工单位人、材、机一次性投入（尤其是措施费投入）大大增加；⑤加上项目本身跨度大、层高比较高、曲线形屋面板、异形梁与弧形梁较多、施工难度特别大等多种原因，造成该项目无法按原清单报价方式进行竣工结算。

该项目于 2011 年底交付使用，但到底如何进行竣工结算？总承包单位多次向建设单位（项目管理单位）打报告，要求调整竣工结算办法。项目管理单位与总承包方经过多次洽商，最终基本达成一致意见，但个别问题认识不一，因此请示市政府体育馆建设领导小组，领导小组召开由财政、审计、信访、劳动监察、住建局及造价管理机构等部门参加的协调会议，责成造价管理机构出具初步意见，然后再开会讨论，形成最终的竣工结算办法。

一、招标文件主要条款

（一）项目基本情况

工程名称：××市体育馆

建设地点：××大学院内

资金来源：××市政府财政性资金

发包方式：建设－移交（BT）（中标人与××市政府各投入 50%）

招标方式：公开招标

计价方式：工程量清单计价

招标范围：桩基、主体、建筑装饰、玻璃幕墙、网架、强电、弱电、高低压配电柜、

给排水、通风空调，详见《工程量清单》

现场踏勘：投标人自行组织进行现场踏勘

项目概况：××市体育馆，5000 座，框架结构，主场馆一层，层高 30 米，四周局部 4 层，建筑面积共计 18900m²，计划投资 1.38 亿人民币。

建设期：本 BT 项目建设期为 730 日历天

回购期：中标人投入的 50% 建设资金，××市政府在项目交付后 2 年内付清，每年分两次支付，每次付 25%，具体内容在《BT 项目合同》中约定。

……

投标文件份数：正本壹套，副本两套

发标时间：2010 年 4 月 18 日上午 9 时～11 时（北京时间）

投标答疑：2010 年 4 月 24 日前以书面或电子邮件形式递交至××大学基建办公室

投标文件递交地址：××市招投标管理办公室 5 楼

投标文件递交截止时间：2010 年 5 月 12 日 09 时 00 分

开标时间：2010 年 5 月 12 日 09 时 30 分

开标地点：××市招投标管理办公室 5 楼

评标办法：综合评估法

（二） 招标控制价及投标报价

1 工程量清单及招标控制价

1.1 招标人依据《建设工程工程量清单计价规范》GB50500—2008、《××省建设工程工程量清单综合单价》（2008）、《××省建设工程工程量清单计价实施细则》和初步设计施工图提供工程量清单。施工图中需深化设计的专业工程和暂估价材料，以专业暂估价和材料暂估价进入招标控制价，施工过程中以招标形式确定施工图需深化设计的专业工程和暂估价材料价格。

1.2 招标控制价是招标人控制招标工程造价的最高限价，招标控制价依据工程量清单的工程量、初步设计施工图纸、现行的《××省建设工程工程量清单综合单价》（2008）及相应计价办法、《××市建设工程造价信息》2010 年第 1 期材料价格编制（钢材按现行市场价计入）。

2 2010 年 5 月 6 日 17：00 前，将招标控制价以书面和电子文档形式发给所有通过资格预审的投标企业，并报送招投标监督管理部门，同时将所有相关资料报送工程造价管理机构备查，否则，开标时间将相应顺延。开标时，不再当众抽取下浮值系数，按 BT 项目惯例和约定，本项目确定下浮值系数最低为 1.5%。招标控制价不再计取风险系数。

投标人经复核认为招标人公布的招标控制价未按规定编制时，应在 2010 年 5 月 9 日 17：00 前向招投标监督管理机构或工程造价管理机构投诉，2010 年 5 月 9 日 17：00 后不再受理投诉。

3 招标控制价由招标人委托××造价师事务所有限公司编制，编制完毕后由××市财政评审机构审核确认。

4 投标报价

4.1 本工程招标采用工程量清单报价方式。清单总报价为工程量清单项目费、措施项目费（不含安全文明施工措施费）、其他项目费（含招标人暂估价）和税金的总和（不含规费）。报价时，投标人应按要求填写投标书的内容，如因漏项或填写错误而造成的损失均由投标人承担，招标人不予调整。

4.2 工程量清单项目费报价：投标人以清单工程量为基础，结合本企业定额或主管部门颁发的定额、市场价格以综合单价投标报价。报价时，应按清单所列出的工程项目和工程量填报单价和合价，每一个项目只允许有一个报价。任何有选择的报价将不被接受。投标人未填单价或合价的工程项目，在实施后，招标人将不予支付，并视为该项目费用已包括在其他有价款的单价和合价内。

4.3 措施项目费报价：措施项目费包括脚手架、模板使用费、材料二次搬运费等。投标人应结合现场的施工条件，自行制定先进可靠的施工技术方案，以企业定额或参考现行《河南省建设工程工程量清单综合单价》及计价办法、市场价格自主报价。

4.4 其他项目费报价：其他项目费应包括招标人的暂估价和投标人的费用。投标人的费用为除清单项目费、措施项目费之外的其他费用。

4.5 安全文明施工费及规费不列入报价，中标后由工程造价管理机构统一核算，列入合同价。

4.6 如发生工程变更（包括设计变更），合同价格根据下述方法予以相应调整：清单工程量增减在 ±2%（含 ±2%）以内，工程量及造价不再调整。清单工程量增减在 ±15%（含 ±15%）以内时，按调整工程量×原综合单价调整合同价款；清单工程量增减在 ±15% 以上时，按调整工程量×调整综合单价（材料价格按当期××市建设工程造价信息计算）调整合同价款。设计变更及签证按实调整，原清单中有对应清单单价的，按对应清单单价×工程量计算；有相应清单的可参照综合单价×工程量计算；没有对应清单的按调整综合单价（材料价格按当期××市建设工程造价信息计算）×工程量计算。

4.7 报价中的材料价格，投标人应自主询价报价。钢材（建筑装饰用）的材料价格的调整，按当期××市建设工程造价信息与招标清单控制价中价格的差价调整。其他材料（不含建筑装饰用钢材）价格增减在 ±5%（含 ±5%）以内时不再调整；±5% 以上时，按当期××市建设工程造价信息与 2010 年××市建设工程造价信息第一期的差价调整。

4.8 除非合同中另有规定，投标人所报的工程量清单中的单价和合价，均包括完成该工程项目的成本、利润、风险费等。

4.9 中标的综合单价即为结算单价；因变更所发生的清单缺项子目，如原清单中有类似的，可参考类似单价，无类似项目的，中标承包人可另行编制、报审结算单价。

5 "BT 投资期"包括项目建设期和回购期，回购期从工程完工之日起开始计算，建设期指 BT 项目开工至完工的日期，具体项目开完工日期在《BT 合同》中确定。

6 ××市政府支付的项目回购款项包括中标人的投资资金和利息回报。利息费用依据中标结果计取，在《BT 合同》中约定。

6.1 "利率"按照 BT 投资期人民银行同期贷款基准利率计算，如遇到中国人民银行调整基准贷款利率，本利率相应调整，调整与核算完全按照中国人民银行规定的银行贷款利息调整原则和起止时间执行。

6.2 "利息"指中标人 BT 投资款，以中标结果和 6.1 条款定义的利率计算的利息。

7 本项目批准预算中核定的工程建设其他费用纳入 BT 投资总额中，在《BT 合同》中具体确定。

......

投标人在提交投标文件的同时，应提交与报价内容相符的电子数据文件，介质要求 CD－R光盘，并与标书正本一起密封。

......

（三） 评标细则

满分为 100 分，其具体分配如下：

A. 投标报价部分（满分 65 分）

1. 利率报价（满分 25 分）

（1）本项目的"利率"按照 BT 投资期人民银行同期贷款基准利率进行计算。

（2）利率报价不设拦标价。

各有效投标人所报利率与人民银行同期贷款年基准利率相比，相等的得 10 分；建设期一年不计息的加 10 分，二年不计息的加 15 分。

2. 工程建设报价（满分 40 分）

工程建设报价按百分值评审，各部分占权重：工程量清单总报价占 60%，工程量清单项目费 10%，分部分项工程量清单项目综合单价 10%，措施项目费 10%，主要材料单价 10%。

（1）出现下列情况的投标报价按零分处理，且商务标不再参审：

①商务部分总报价高于招标控制价的；

②投标人的总报价明显低于其他投标报价布可能低于其个别成本的，且投标人不能合理说明或者不能提供相关证明资料的；

③固定资产不折旧（或已提够折旧）；

④某种材料尚有剩余不计材料费；

⑤周转材料不摊销（或已摊销完毕）；

⑥改变招标人工程量清单内容的；

⑦其他项目清单中招标人部分费用未按要求填写或填写错位置的；

⑧报价数据前后不一致，致使评委无法评审的；

⑨改变招标人其他项目清单中暂列金额及暂估价的。

（2）工程量清单总报价（60 分）

$$评标基准值 = （业主报价 + 各投标企业报价算术平均值）÷2$$

其中：业主报价 = 招标控制价 × （1 － X）（X 值为控制价下浮比例 1.5%）。

各投标企业报价算术平均值 = 去掉高于招标控制价后的算术平均值

①工程量清单总报价在评标基准值下浮 4% （含 4%）范围之内的最低报价 A 得 60 分，范围之内的其他报价得分按以下公式计算：

$$总报价得分 = 60 － ［（本企业投标总报价 － A）÷A］×100×3$$

②总报价低于评标基准值的 96% 时得 20 分；

注：①其他项目清单中的招标人部分（包括暂列金额、暂估价），评标时应从招标控制价和企业报价中扣除，不参与评标基准值的计算；

②若中标价低于招标控制价×0.985 时，按中标价签订合同；若中标价高于招标控制价×0.985 时，按招标控制价×0.985 签订合同，并对中标标书的综合单价、合价、总价进行相应调整，调整方法：以合同价除以中标企业的报价比值为系数，用该系数乘以中标标书中的各单价、合价、总价，并以此作为签订合同、进度款拨付及结算依据。

（3）工程量清单项目费合计（10 分）

①最低价得 10 分，最高价得 7 分，中间采用插入法计算。

②每项清单项目合价之和不等于工程量清单项目费时，或工程量清单项目费前后不一致时得 3 分。

（4）分部分项工程量清单项目综合单价（任选 10 项，每项 1.0 分共 10 分）

清单项目综合单价以各有效投标人的清单项目综合单价的算术平均值作为评标基准价，在评标基准价 105% ~90% 范围内的综合单价，每项得 1.0 分。超出该范围的不得分。

若漏某一项或量与业主提供的量不一样，则不参与算术平均，且扣 3 分。

（5）措施项目费（10 分）

①措施项目费最低报价得 10 分，最高报价得 6 分，中间报价采用插入法计算。

②措施项目费前后不一致时得 3 分。

（6）主要材料单价（任选 10 项，每项 1 分共 10 分）

①各有效投标人的材料单价最高报价得 0.5 分，最低报价得 1 分，中间报价采用插入法计算。

②提供材料单价与清单项目中的材料单价不一致时则不得分，且每项扣 1 分。

（7）其他

①不提供光盘的或提供光盘打不开的扣 10 分，提供光盘中的内容与标书不一致时每处扣 2 分，最多扣 10 分（评标时以标书正本内容为准）。

②标书每缺一页扣 2 分，最多扣 10 分（评标时以标书正本为准）。

③未按招标文件要求格式或顺序装订的扣 5 分。

（8）工程建设报价总得分：工程量清单总报价得分×60% ＋工程量清单项目费合计得分×10% ＋分部分项工程量清单项目综合单价得分×10% ＋措施项目费得分×10% ＋主要材料单价得分×10%。

B. 企业实力与投融资能力（满分 15 分）

（1）注册资本金：1 亿元及以上的得 3 分，5000 万元（含）至 1 亿元的得 1 分，此项最多得 3 分；

（2）至 2009 年年底企业资产负债率：60% 及以下的，得 3 分；60% 至 80%，得 1 分；此项最多得 3 分；

（3）至 2009 年年底企业财务报表货币资金余额：4 亿元及以上的得 3 分，3 亿至 4 亿元的得 2 分，1 亿元（含）至 3 亿元的得 1 分，1 亿元以下的不得分，此项最多得 3 分；

（4）成功实施过类似体育馆项目（含文化宫、展览馆、大型体育场），建筑面积在 10000 平方米以上的每项合同得 1 分，建筑面积在 15000 平方米以上的每项合同得 2 分，建筑面积在 20000 平方米以上的每项合同得 3 分此项最多得 3 分（以合同或中标通知书原件为准）。

（5）项目投融资方案安排合理，保障措施有力，风险防范措施到位（1 ~3 分）。

C. 项目施工管理方案；（满分 15 分）（略）

D. 综合考评（3 ~5 分）

由招标人对投标企业进行综合考评，重点从企业业绩、企业社会信誉、技术力量、企业财务状况等内容进行综合考评，招标人根据考评内容，结合投标企业实际情况在 3 ~5

分范围内酌情打分。

二、合同主要条款

1 定义

1.1 本工程（或本项目）：指××市体育馆项目，框架结构，主场馆一层，层高30米，四周局部4层，建筑面积18900.00平方米。

1.2 本工程范围：甲方提供的初步设计施工文件和招标文件指定的范围（详见工程量清单），工程清单中有漏项部分，经甲方确认后按工程量计算规则计算追加到工程总量中。

1.3 BT模式：BT是英文BUILD－TRANSFER的缩写，在本合同中的中文意思即：建设－移交。本合同双方认可的BT模式是甲方和乙方各投入50%的项目建设资金，进行建设过程的组织和管理，并承担期间的相应风险。在乙方按约定将本工程建成竣工移交给甲方后，乙方按BT回购价款收回投资。

1.4 BT投资期：包括项目建设期和回购期，建设期从本合同生效之日起至工程竣工验收合格之日止。建设期由甲方和乙方各投入50%项目建设资金。回购期指本工程承包范围内的工作内容竣工完成并验收合格之日起开始，按约定完成回购款支付之日止结束。本工程回购期二年。

1.5 工程施工期：自项目开工之日起至工程竣工验收合格之日止。

1.6 回购价款：指根据本合同第五章确定的甲方应支付乙方的费用总额。

1.7 利率和利息：按照BT投资期中国人民银行同期贷款基准利率计算，如遇到中国人民银行调整基准贷款利率，本利率相应调整，调整与核算完全按照中国人民银行规定的银行贷款利息调整原则和起止时间执行。利息指BT投资款，以中标结果和本条款定义的利率计算的利息。

1.8 基准日：指本合同中用于确定具体时间界点的日期。

……

2 项目实施

2.1 本工程采用本合同约定的BT模式实施：建设期由甲方和乙方各投入50%资金进行本项目建设。工程建成后按约定程序由乙方移交给甲方，甲方按本合同约定向乙方支付回购款项。

……

2.5 质量标准：合格，争创鲁班奖（创成甲方支付创优费150万元，如果达不到鲁班奖标准罚乙方150万元）。

2.6 工期目标：乙方承诺确保合同内的工程在2012年8月16日前全部竣工，提前交付不增加费用。下述情况工期相应顺延，但必须办理相关手续：

2.6.1 甲方无正当理由未能按施工节点支付建设期工程进度款（或建设期回购款），致使施工不能正常进行；

2.6.2 监理单位未按合同约定提供所需指令、批准等，致使施工不能正常进行；

2.6.3 因设计变更等引起的工程量增加；

2.6.4 非乙方原因停水、停电造成停工一周内累计超过8小时；

2.6.5 本合同约定的不可抗力；

2.6.6 其他非乙方原因引起合理的需要顺延工期的情况。

其中 2.6.1、2.6.2 情况发生引起乙方停窝工，经确认给乙方造成的经济损失由甲方承担。

……

3 建设期资金投入和工程进度款支付

3.1 建设期甲方资金投入：甲方投入的 50% 建设资金按工程进度投入，并按本合同约定的施工节点支付建设期工程进度款（或建设期回购款）。

3.2 建设期乙方资金投入：建设期乙方投入的 50% 建设资金按工程进度投入，乙方因自身资金不到位或拖欠相关单位的工程款导致工期延误的应承担违约责任。

3.3 工程量确认：每月 30 日前乙方报出本月已完成工作量，下月 15 日前甲乙监理三方共同确认完成的工作量，若乙方不报或逾期报出甲方不确认，工作量计入下月统计。

3.4 工程进度款支付：甲方每月按工程量预付 40% 工程款，到施工节点办理阶段性结算，但每月的工作量少于 100 万元不再考虑预付工程款。

3.4.1 本工程确定的施工节点如下：（略）

3.5 建设期利息：建设期第一年不计取利息；第二年依据乙方资金投入，按同期银行贷款利率计息，随工程节点支付。

……

4 回购期价款支付

4.1 回购价款：

4.1.1 本项目的最终回购总价由工程建筑安装工程费和利息两部分组成。市政府将项目回购款项列入政府分年度财政还款预算。市财政部门依据同级人大（或人大常委会）批准文件，将项目采购款项列入财政预算并出具还款承诺。

4.1.2 建筑安装工程费按本合同第五章约定计算，经双方审核后，最终以市政府财政评审机构审核确认的造价为准。

4.1.3 回购期利息：从进入回购期之日起分段计算利息。基数按照当期尚未支付的建筑安装工程费计算。防水工程费的 5% 作为质量保修金，质量保修期内不计算利息。利率按照中国人民银行同期贷款基准利率计算，利息计算期根据在回购期内当期实际占用时间计算。

4.2 回购价款的支付：

4.2.1 回购价款以工程合同金额、经审核后的增减金额及利息组成。

注：回购价款和利息待竣工决算确定后分段计算另行附表。

4.2.2 回购期二年，乙方投入的建设资金，市政府在工程竣工交付后两年内付清，每年各付 50%，分四次回购。本工程竣工验收交付使用后：6 个月内，支付合同价款的 25%，并支付当期的回购期利息；12 个月内，支付至结算总额的 50%，并支付当期的回购期利息；18 个月内，支付至结算总额的 75%，并支付当期的回购期利息；24 月内支付完剩余尾款和当期的回购期利息。防水工程的质量保修金，质量保修期内不计算利息。

5 合同价款及调整

5.1 本项目合同总价为：（略）

5.2 工程变更（包括设计变更），合同价格根据下述方法予以相应调整：

5.2.1 对于已下发工程量清单内容以外的新增项目内容，核增造价＝按定额规定计算出工程造价×投标时让利后系数。当清单子目内容取消后，核减造价＝该清单工程量×原报清单综合单价。

5.2.2 清单工程量增减在±2%（含±2%）以内，工程量及造价不再调整。清单工程量增减在±2%～±15%（含±15%）范围以内时，按调整工程量×原综合单价调整合同价款；清单工程量增加在＋15%以上时，核增造价＝按定额规定计算出增（减）工程量的造价×投标时让利后系数；清单工程量减少在－15%以上时，核减造价＝减少的清单工程量×原报清单综合单价。

以上工程量变化影响到规费、措施费、税金的也做相应调整。

5.3 物价波动引起的价格调整：

本工程因物价波动引起的价格调整按以下原则执行，钢材的材料价格增减在±3%（含±3%）以内时不再调整；钢材的材料价格增减在±3%（不含±3%）以上时，按当期××市建设工程造价信息与招标清单控制价中价格的差价调整超过±3%的部分。

其他材料（不钢材）价格增减在±5%（含±5%）以内时不再调整；价格增减在±5%以上时，按当期××市建设工程造价信息与2010年××市建设工程造价信息第一期的差价调整超过±5%以上的部分。

5.4 乙方采购的材料品牌（厂家）必须取得甲方的认可后方可采购。需要招标的材料和设备经甲乙双方共同招标后采购。

5.5 竣工结算

5.5.1 乙方所报的工程量清单中的单价和合价，均包括完成该工程项目的成本、利润、风险费等。中标的综合单价即为结算单价；因工程变更（包括设计变更）造价根据5.2条款确定的方法予以相应调整。

5.5.2 竣工结（决）算 先由发包人委托工程造价咨询机构在90天内完成初步审核，然后报市财政评审机构审核确认，并出具审核书。

……

三、双方关于调整竣工结算办法的报告

关于××市体育馆项目竣工结算办法的报告

××市建设工程标准定额管理站：

体育馆建设项目管理单位于2012年4月26日接到××建设集团有限公司报来的《关于××市体育馆项目调整竣工结算办法的报告》后，经体育馆项目三个管理小组和监理多次讨论，同时征询了市标准定额与造价管理方面的专家、建筑行业律师意见，认为《报告》所列情况基本属实。大家知道，体育馆工程为市政府以BT模式招商项目，2009年10月立项，委托××大学为项目管理单位，于2009年12月由清华大学设计院完成初步设计，并以此初步设计为依据于2010年5月份完成了招标工作，××建设集团中标；之后，由于BT项目担保和图纸变化等问题，2010年8月份才正式签订施工合同并开始施工，合同工期要求2012年8月16日前全部竣工；在施工过程中，政府首先将工期压缩至2011年底必须交付使用；其次是受到银行贷款政策性冲击，施工方资金出现困境，接着是人工荒和人工费大幅上涨，加上项目本身图纸变化大、跨度大、层高比较高、施工难度大等多种原因，造成很多清单项目无法按原合同进行结算。为有利于体育馆建设顺利进行，本着实事求是的原则，提出如下意见：

一、图纸及工程量的变化

序号	内　容	招标控制价编制依据	实际施工情况	备　注
1	图纸	初步设计图纸	审查后施工图纸	
2	砌体	初步设计图纸	台阶下增加围护	
3	座位	5000 个	5371 个	
4	主体结构	初步设计图纸不全	基础加深；楼层及标高增加变化太大	
5	网架周围	初步设计图纸不全	增加混凝土柱和梁	
6	玻璃幕墙	单玻、普通铝合金	LOW－E 双钢化镀膜玻璃，且根基增加托梁、预埋件	二次深化设计图纸
7	网架	焊接球连接	部分焊接球、螺栓球，钢滑移支座连接	二次深化设计图纸
8	消防水池	初步设计图纸	消防审查后图纸	见变更
9	篮球馆	初步设计图纸	增加加固措施	见加固图
10	吸声墙面	原图为木龙骨帕特板吸声墙，面积 5383m²	实际为钢龙骨木丝板和硅酸钙吸声板，面积 7899m²	深化设计图纸
11	主体混凝土	混凝土量 14272m³	混凝土量 17579m³	增加 3307m³
12	钢筋	1984T	2329T	增加 345t
13	外墙干挂石材	3380m²	4904m²	深化设计图纸
14	门窗	木门、铝窗	防盗门、铝塑复合窗	洽商记录
15	吊顶	纸面石膏板	硅酸钙吸声板	洽商记录
16	通道地面	原图无做法	花岗岩地面	见签证
17	保温	泡沫板	防水珍珠岩保温板	洽商记录
18	训练馆	初步设计图纸	增加混凝土垫层、钢筋网	洽商记录
19	中央空调	多联机 6 个系统	多联机 7 个系统	深化设计图纸
20	灯具	单管日光灯	三管格栅灯	洽商记录
21	消防水炮		消防审查后增加项目	设计图纸
22	虹吸排水		消防审查后增加项目	深化设计图纸
23	弱电	取消原设计消防指示等	消防审查要求按原图纸施工	

实际施工图与原招标时初步设计图纸相比较，45%的内容发生了变化。

结算意见：根据《××省建设工程工程量清单计价实施细则》第39条中"工程量增减幅度在15%以外的，应允许调整原综合单价"及双方在合同中（5.2条）对工程量变化结算办法的约定，按以下办法结算：

1. 实体项目部分：依据招标后施工图、批准的施工组织设计、图纸会审记录、变更单、签证、工程洽商记录、技术核定单、高支模方案、施工日记等，详细计算实际工程量。以实际工程量×《××省建设工程工程量清单综合单价》2008版各分册相关子目，扣除投标时的让利部分。

2. 措施项目部分：依据招标后施工图、批准的施工组织设计、图纸会审记录、变更单、签证、工程洽商记录、技术核定单、高支模方案、施工日记等按实结算。

（1）本工程的主体脚手架措施项目不适用"按建筑面积计算综合脚手架"费用，应按《××省建设工程工程量清单综合单价》2008版A建筑工程（下册）YA.12分部单项脚手架的工程量计算规则列项计算，扣除砌体、抹灰脚手架搭设人工费。网架、玻璃幕墙脚手架根据实际施工情况按双方签证的办法计算（人工费按分包协议，架杆按租赁费协议）。

（2）本工程模板及支撑系统，考虑本工程层数少面积大（实际中间只有一层、四周局部四层）、层高超高特殊、施工难度大、造型特殊和一次性投入过大等因素，采取合理结算办法：

①基础、基础拉梁、混凝土柱、剪力墙（网球馆和篮球馆混凝土防水墙除外）、楼梯、台阶的模板及支撑，执行A建筑工程（下册）YA.12分部相关子目，并扣除投标时让利部分。②本工程场馆和一层主体施工期气候温度偏低、混凝土养护龄期长，一次性投入过大，二、三层混凝土浇筑无法利用下层模板支撑，因此所有混凝土框架梁、混凝土有梁板、网球馆和篮球馆混凝土防水墙的模板和木方按实际展开面积以2次摊销计算。③支撑：一层主体有梁板部分（含网球馆和篮球馆）、二层及以上层高超过8米的有梁板高支模措施，按支撑方案计算支撑材料用量，支撑材料费按租赁合同约定价格计算（人工费按本办法第四条执行）。

（3）网架施工中主梁等垂直运输费用已由业主支付，结算时相应扣除，业主支付价款单独列项计算。

二、工期缩短

该工程2010年5月份招标，2010年8月份开工，合同工期至2012年8月16日竣工。由于种种原因，政府要求2011年12月底投入使用，致使措施项目费、人工费、机械费等一次性投入过大。

结算意见：缩短工期相应增加的夜间施工增加费、冬雨季施工增加费按YA.12建筑工程措施项目相关规定计算；塔吊按拆费、场外运输费、塔吊基础按实际发生的5台自升式计算。塔吊使用费按租赁合同约定价格计算，并扣除按定额规定计算垂直运输费中的塔吊台班费。

三、施工场地受限

由于底层占地面积大，纵向（南北）长165米，横向（东西）长96米，而紧靠工程东侧是学校原有主要道路，必须保证畅通，致使施工场地受到很大限制，导致材料二次搬运量大大增加。

结算意见：材料二次搬运费按 YA.12 建筑工程措施项目相关规定计算。

四、人工费上涨

由于图纸发生了实质性的变化，招标后施工合同一直未定，迟迟不能开工；加上本工程的特殊性，空间过大、层高过高，不同一般公共建筑，施工难度大，人工、机械降效费用多；恰又赶上市场人工费大幅度上涨，政府压缩工期，致使××建设集团与劳务分包企业签订的主体劳务合同无法履行，劳务分包企业多次到市政府上访，共支付劳务分包企业人工费等总计 555 万元。

结算意见：根据《××省建设工程工程量清单计价实施细则》第 39 条中"工程量增减幅度在 15% 以外的，应允许调整原综合单价"及本工程实际情况，结算办法为：①经劳动局、信访局、住建局核实劳务分包企业所施工基础及混凝土框架部分定额人工与支付劳务分包企业人工费之比，计算出工日单价，作相应调整。②劳务分包企业合同内容未施工的其他主体人工费，参照劳务分包企业的工日单价执行。③劳务分包企业合同内容以外的人工费按监理和甲方认可的劳务分包协议（砌体、抹灰、网架）或签证进行结算；其他按以下办法处理：2011 年 3 月 1 日以前完成的工程量执行 43 元/工日；2011 年 3 月 1 日以后完成的工程量，执行施工当期××省建筑工程标准定额站发布的人工费综合指导价。

五、材料价格调整

由于工期长，且招标控制价与开始施工间隔长达半年，施工期间材料价格涨幅较大；部分专业暂估价由业主另行分包，××建设集团并未施工，即实际上××建设集团承包的内容与原合同有出入。

结算意见：材料价格按双方考察确认价格计算，没有确认的材料按施工当期的造价管理机构发布的建设工程造价信息执行。

六、××建设集团投资部分的利息：仍按原合同约定的方法计算。

七、专业暂估价格部分：

按后来施工时招投标价格或双方约定执行，变更部分以实计算；由业主直接分包的专业工程，××建设集团按定额规定计取总承包服务费。

八、由于缩短工期及工程量的增加，且本工程的特殊性，空间过大、层高过高，施工难度大，不同于一般公共建筑，相应增加的其他费用按实际发生计算。

九、安全文明费及规费按定额规定计算。

十、原合同与本办法有矛盾之处，以本办法为准。

项目管理单位：××大学   总承包单位：××建设集团

2012 年 6 月 8 日

四、最终竣工结算办法

××市建设工程标准定额管理站收到双方"关于体育馆竣工结算办法报告"后，多次到现场了解当时施工情况，并与项目管理单位、总承包企业、监理、现场跟踪服务的造价咨询机构等部门沟通、协调，查阅招投标、施工合同、施工图纸、施工日记、劳务分包情况、业主发包专业项目情况等资料，结合××省计价依据及计价办法的有关规定，于 2012

年 6 月底形成结算办法草稿。之后又多次征求审计、财政意见，征求当地造价专家、律师意见，在 2012 年 8 月底将初步意见上报政府该项目领导小组。2012 年 10 月，政府体育馆建设领导小组召开了有关部门参加的会议，对该项目竣工结算办法进行了专题讨论，形成最终的体育馆结算办法有关问题会议纪要，现将会议纪要的主要内容简述如下：

关于××市体育馆工程竣工结算中有关问题的

会议纪要

2012 年 10 月×日下午，市政府体育馆建设领导小组主持召开有关单位负责人会议，研究了市体育馆工程竣工结算有关问题，纪要如下：

会议首先听取了市体育馆建设情况及竣工结算有关问题的回报，市建设工程标准定额管理站专家就体育馆工程竣工结算问题向周边地市及上一级主管部门的咨询情况作了介绍。会议认为：市体育馆工程为市政府以 BT 模式招商项目，并委托××大学为项目管理单位，2010 年 5 月份完成了招标工作，××建设集团中标，即该项目由××建设集团（也是总承包方）与××市政府共同投资。由于 BT 项目担保等问题，直至 2010 年 8 月份才正式签订施工合同并开始施工，合同工期要求 2012 年 8 月 16 日前竣工。在施工过程中：首先受到银行贷款政策性冲击，××建设集团资金出现困境，不再继续投资；接着是用工紧张和市场人工费大幅上涨，劳务分包人员多次到政府上访；三是图纸发生了很大变化，招标时采用的是初步设计图纸，而施工采用的是审查后的施工图纸，使 45% 的内容发生了变化；四是市委市政府压缩工期，要求 2011 年底必须建成使用，并在此召开全市总结表彰大会，在时间紧、任务重、资金困难的情况下，施工单位人、材、机一次性投入（尤其是措施费投入）大大增加，加上项目本身跨度大、楼层高、施工难度大等多种原因，造成该项目无法按原清单报价方式进行结算。与会人员根据《××省建设工程工程量清单计价实施细则》第 39 条"工程量清单的工程数量有误或由于设计变更引起工程量增减，除合同另有约定外，增减幅度在 15% 以及其以内的，按原综合单价结算；增减幅度在 15% 以外的，应允许调整原综合单价，具体调整办法应在招标文件或合同中明确"及原合同第 5.2 条中的约定，对市体育馆工程竣工结算问题明确如下：

一、实体项目、措施项目、工期缩短及施工场地受限增加费、材料价格调整，应依据招标后施工图、批准的施工组织设计、图纸会审记录、变更单、签证、工程洽商记录、技术核定单、高支模方案、施工日记等按以下办法结算：

1. 实体项目部分：按定额规定计算实际工程量，以实际工程量×《××省建设工程工程量清单综合单价》2008 版各分册相关子目及规定，扣除投标时的让利部分。

2. 措施项目部分：

（1）工程的主体脚手架应按《××省建设工程工程量清单综合单价》（2008）单项脚手架的工程量计算规则列项计算，扣除砌体、抹灰脚手架搭设人工费。网架、玻璃幕墙脚手架根据实际施工情况按双方签证的办法计算（人工费按分包协议，架杆按租赁协议）。

（2）工程模板及支撑系统，考虑本工程层数少面积大、层高超高特殊、施工难度大、造型特殊和一次性投入过大等因素，采取合理结算办法：①基础、基础拉梁、混凝土柱、剪力墙（网球馆和篮球馆混凝土防水墙除外）、楼梯、台阶的模板及支撑，执行 A 建筑工程（下册）YA.12 分部相关子目，并扣除投标时让利部分。②本工程场馆和一层主体施工期气候温度偏低、混凝土养护龄期长、一次性投入过大，二、三层混凝土浇筑无法利用下层模板支撑，因此所有混凝土框架梁、混凝土有梁板、网球馆和篮球馆混凝土防水墙的模板和木方按实际展开面积以2次摊销计算。③支撑：一层主体有梁板部分（含网球馆和篮球馆）、二层及以上层高超过8米的有梁板高支模措施，按支撑方案计算支撑材料用量，支撑材料费按租赁合同约定价格计算（人工费按本办法第二条执行）。

（3）网架施工中南、北钢构主梁等已由业主支付的垂直运输费用，结算时单独列项计算。

3. 工期缩短增加费：由于种种原因，政府要求2011年12月底投入使用，致使措施项目费、人工费、机械费等一次性投入过大。因此，缩短工期相应增加的夜间施工增加费、冬雨季施工增加费按A建筑工程（下册）YA.12建筑工程措施项目相关规定计算；塔吊按拆费、场外运输费、塔吊基础按实际发生的5台自升式计算。塔吊使用费按定额规定计算。

4. 施工场地受限二次搬运费：由于底层占地面积大，纵向（南北）长165米，横向（东西）长96米，而紧靠工程东侧是原有道路，使施工场地受到很大限制，致使材料二次搬运量大大增加。因此，材料二次搬运费按2008年定额措施项目相关规定计算。

5. 材料价格调整：由于工期长，且招标控制价与开始施工间隔长达半年，施工期间材料价格涨幅较大；部分专业暂估价由业主另行分包，××建设集团并未施工，即实际上××建设集团承包的内容与原合同有出入。

结算意见：材料价格按双方考察并报体育馆建设领导小组办公室确认的价格计算，没有确认的材料按造价管理机构发布施工当期的××市建设工程造价信息执行。

二、人工费调整：

由于图纸发生了实质性的变化，招标后施工合同一直未定，迟迟不能开工；加上本工程的特殊性，空间过大、层高过高，不同于一般公共建筑，施工难度大，人工、机械降效费用多；恰又赶上市场人工费大幅度上涨，政府压缩工期，致使××建设集团与劳务分包队伍签订的主体施工劳务合同无法履行完成，劳务分包人员多次到市政府上访，经人社局、信访局、住建局核实并计算劳务分包的施工内容，在政府协调下，共支付劳务分包人工费总计555万元。因此，结算办法为：①经人社局、信访局、住建局核实劳务分包队伍所干基础及混凝土框架部分定额人工与支付的555万元人工费之比，计算出工日单价后，作相应调整，即将555万元按分项计入结算总价。②劳务分包合同内容未施工的其他主体人工费，参照上述计算出的劳务分包工日单价执行。③劳务分包合同内容以外的人工费按监理和甲方认可的劳务分包协议（砌体、抹灰、网架）进行结算；其他按以下办法处理：2011年3月1日以前完成的工程量执行43元/工日；2011年3月1日以后完成的工程量，执行施工当期××省建筑工程标准定额站发布的人工费综合指导价。

三、××建设集团投资部分的利息：仍按原合同约定的方法计算。

四、专业暂估价部分：按后来施工时招投标价格或双方约定执行，变更部分以实计算；由业主直接分包的专业工程，××建设集团按定额规定计取总承包服务费。

五、关于让利基数：非××建设集团施工的专业工程、业主采购或定价的材料、政府要求支付劳务分包合同中实际实施内容的人工费、监理或业主认可的劳务分包协议支付的人工费、周转材料租赁费及设备租赁费、安全文明施工费及规费不得作为让利基数。

六、安全文明施工费及规费按定额规定计算。

与会人员：

市体育馆建设领导小组：（略）

市财政局：（略）

市审计局：（略）

市劳动保障监察支队：（略）

市住建局：（略）

市信访局：（略）

市建设标准定额站：（略）

××大学（项目管理单位）：（略）

××市体育馆建设领导小组办公室

2012 年 10 月 × 日

附件 1

××省住房和城乡建设厅关于印发
××省建设工程工程量清单招标评标办法的通知

各省辖市、省直管县（市）住房和城乡建设局（委），××市航空港综合实验区市政建设环保局，各有关单位：

为了规范建设工程工程量清单招标评标活动，根据《中华人民共和国招标投标法》、《中华人民共和国招标投标法实施条例》和《建设工程工程量清单计价规范》（GB 50500—2013）、《建筑工程施工发包与承包计价管理办法》（住房和城乡建设部16号令）等法规、规章，现将修订的《××省建设工程工程量清单招标评标办法》印发给你们，请贯彻执行。

2014 年 × 月 × 日

××省建设工程工程量清单招标评标办法

第一条 为了规范建设工程工程量清单招标评标活动，根据《中华人民共和国招标投标法》、《中华人民共和国招标投标法实施条例》和《建设工程工程量清单计价规范》（GB 50500—2013）、《建筑工程施工发包与承包计价管理办法》（住房和城乡建设部16号令）、《××省建设工程工程量清单招标控制价管理规定》等法律法规、规章、规范性文件，制定本办法。

第二条 本办法适用于××省行政区域内招标的各类房屋建筑和市政基础设施工程。

第三条 全部使用国有资金投资或者国有资金投资为主的建设工程（以下简称国有资金投资的建设工程）发承包，依法必须进行招标的，必须采用工程量清单计价方式招标。非国有资金投资的建设工程发承包，鼓励采用工程量清单计价招标。

第四条 建设工程发承包，招标人应按照《建设工程工程量清单计价规范》（GB 50500—2013）的有关规定，在招标文件中明确规定计价风险的内容及范围，合理分担风险，不得采用无限风险、所有风险或类似语句规定计价中的风险内容及范围。在下列三种情况下，必须调整合同价款：

1. 国家法律、法规、规章和政策发生变化；
2. 省级主管部门发布的人工费调整；
3. 由政府定价或政府指导价管理的原材料等价格的调整。

第五条 工程量清单作为编制招标控制价、投标报价，计算或调整工程量、索赔的重要依据，应以单位（项）工程为单位编制，清单应由分部分项工程项目、措施项目、其他项目、规费和税金项目组成。工程量清单必须作为招标文件组成部分，其编制的准确性和完整性由招标人负责。

招标人应当在招标文件中提供符合《建设工程工程量清单计价规范》（GB 50500—2013）、××省现行计价依据规定的工程量清单的纸质文件和电子文件。

投标人应当根据招标文件提供的工程量清单、招标文件相关要求及有关规定编制投标报价。在提交投标文件时，应同时提交与投标报价内容相符的电子文件，并与标书一起密封。当电子文件与纸质文件不一致时，以纸质文件为准。采用电子招标的，从其规定。

编制工程量清单、招标控制价以及投标报价，电子文件应当符合××省《建设工程造价软件数据交换标准》。

第六条 国有资金投资的建设工程采用工程量清单方式招标，必须编制招标控制价。招标控制价应在招标时公布，招标人应将招标控制价及有关资料按照《××省建设工程工程量清单招标控制价管理规定》报送当地工程造价管理机构备查。

招标控制价由招标人依据国家计价规范、《××省建设工程工程量清单招标控制价管理规定》、××省现行计价依据的规定编制。材料价格可按省市造价管理部门发布的最近一期信息指导价格执行，也可由招标人根据市场价格确定。

第七条 招标控制价应采用综合单价计价，应包括招标文件中划分的由投标人承担的风险范围及其费用。

投标人的投标报价高于招标控制价的，其投标应予以拒绝。

第八条 采用工程量清单招标的工程项目开标后，由评标委员会对投标文件进行基础性数据分析和整理（清标），按照住房和城乡建设部《标准施工招标文件》A2.5要求或附件《商务标清标内容》，形成清标成果；或者由招标人委托专业咨询机构进行清标。

评标委员会的组成人员中应有两名注册造价工程师资格的评委。

第九条 投标文件的评审分初步评审和详细评审两个阶段。

初步评审是指评标委员会按招标文件要求对所有投标文件真实性、符合性、响应性和重大偏差逐一评审，经审查不符合招标文件要求的，不再进入详细评审阶段。

真实性是指投标文件中没有《中华人民共和国招标投标法实施条例》第39、40、41、42条所禁止的相互串通投标、以他人名义投标、弄虚作假的情形。

重大偏差是指投标文件存在标的物、价格、工期、质量、付款方式、承诺等不符合招标文件实质性要求的情况。

详细评审是对初步评审合格投标文件的技术标、商务标、综合（信用）标按照招标文件中明确的评标办法以列表、随机抽取的方式进行分析、比较和评审。

初步评审和详细评审经审查后应写出评审意见。

第十条 评标委员会在评标过程中，发生下列情况之一者，按废标处理。

（一）未按招标文件规定编制各项报价的；

（二）投标总报价与其组成部分、工程量清单项目合价与综合单价、综合单价与人材机用量相互矛盾，致使评标委员会无法正常评审判定的；

（三）规费和税金、安全文明施工措施费违背工程造价管理规定的；

（四）分部分项工程项目、措施项目报价中的项目编码、项目名称、项目特征、计量单位和工程量与招标文件的清单不一致的；

（五）未按照暂列金额或者暂估价编制投标报价的；

（六）住房和城乡建设部《标准施工招标文件》规定的废标条件。

第十一条 规费、税金、安全文明施工措施费属于不可竞争费用，应按河南省现行的计价依据及其计价办法的规定单列，不参与商务标评审。

第十二条 工程量清单总报价评标基准价按下列公式确定：

$$评标基准价 = 招标控制价 \times K + 投标总报价 \times （1 - K）$$

其中：投标总报价为各投标人有效投标总报价（不含不可竞争费，下同），去掉一个最高和一个最低报价后的算术平均值。当有效投标少于 5 家时（不含 5 家），则以所有有效投标总报价的算术平均值作为投标总报价。

K 为招标控制价权重系数，$0.1 \leqslant K \leqslant 0.5$，在开标现场随机抽取。

第十三条 采用经评审最低投标价法评标的，评标委员会应按下列程序进行评标：

（一）评标委员会对投标人的技术标采用综合评议或综合计分作出"可行"和"不可行"认定。有意见分歧时，以少数服从多数的原则确定。评标委员会认为技术标"不可行"的，应当在评标报告中注明原因或理由，其商务标不再评审。

（二）对技术标认定为"可行"的，评标委员会对其商务标按有效投标总报价从低到高的顺序进行详细评审。包括分部分项工程项目清单、措施费项目、主要材料项目。

1. 分部分项工程项目依据招标文件规定的方式抽取 10~20 项，分析综合单价报价是否合理。分部分项工程项目综合单价按有效投标人综合单价的算术平均值作为基准价。当投标人的综合单价低于基准价 12% 的工程项目数量超过抽取数量的 50% 时，评标委员会应对其质询。

2. 措施费项目按有效投标人措施费报价的算术平均值作为基准价，低于基准价 20% 的措施费报价，评标委员会应对其质询。

3. 主要材料项目依据招标文件规定的方式抽取 10~15 项，分析材料单价报价是否合理。主要材料单价按有效投标人材料单价的算术平均值作为基准价，当投标人的材料单价低于基准价 12% 的材料数量超过抽取数量的 50% 时，评标委员会应对其质询。

评标委员会对以上三项中的质询结果，认为不能合理说明或提供相应证明材料的，评标委员会可判定为报价不合理。经评标委员会评审，定为合理报价的，依据招标文件规定，依序推荐中标候选人。

第十四条 采用综合计分法评标的，评标委员会应从技术标、商务标、综合（信用）标三个方面进行评标。

综合计分法是指评标委员会根据招标文件要求，对其技术标、商务标、综合（信用）标三部分进行综合评审。技术标的权重占 30%，商务标的权重占 60%，综合（信用）标的权重占 10%。其主要内容和参考分值如下：

（一）技术标的评标分值：30 分

招标人可结合所建工程项目的技术特点及工艺要求，对技术标的内容、分值进行增减调整。

1. 内容完整性和编制水平　　　　1~2 分

2. 施工方案和技术措施　　　　　2~3 分

3. 质量管理体系与措施　　　　　2~3 分

4. 安全管理体系与措施　　　　　2~3 分

5. 环境保护管理体系与措施　　　2~3 分

6. 工程进度计划与措施　　　　　1~2 分
7. 拟投入资源配备计划……　　　　1~2 分
8. 施工进度表或施工网络图　　　　1~2 分
9. 施工总平面布置图　　　　　　　1~2 分
10. 在节能减排、绿色施工、工艺创新方面针对本工程有具体措施或企业自有创新技术2~3 分
11. 新工艺、新技术、新设备、新材料的采用程度，其在确保质量、降低成本、缩短工期、减轻劳动强度、提高工效等方面的作用　　2~3 分
12. 企业具备信息化管理平台，能够使工程管理者对现场实施监控和数据处理1~2 分

以上项目若有缺项的，该项为 0 分；不缺项的，不低于最低分。

（二）商务标的评标分值：60 分

1. 投标报价的评审 30 分

投标报价与评标基准价相等得基本分 20 分。当投标报价低于评标基准价时，每低 1% 在基本分 20 分的基础上加 2 分，最多加 10 分；当投标报价低于评标基准价5% 以上（不含 5%）时，每再低 1% 在满分 30 分的基础上扣 3 分，扣完为止；当投标报价高于评标基准价时，每高 1% 在基本分 20 分的基础上扣 2 分，扣完为止。

2. 分部分项工程项目综合单价的评审 15 分

分部分项工程项目综合单价随机选择 15 项清单项目。清单项目综合单价以各有效投标报价的（当有效投标人 5 名及以上时，去掉 1 个最高、1 个最低值）清单项目综合单价的算术平均值作为综合单价基准值。在综合单价基准值95%~103% 范围内（不含 95% 和 103%）每项得 1 分，在评标基准值90%~95% 范围内（含 90% 和 95%）每项得 0.5 分，满分共计 15 分。超出该范围的不得分。

3. 措施项目的评审 5 分

措施项目基准值 = 各投标人所报措施项目费（当有效投标人 5 名及以上时，去掉 1 个最高、1 个最低值）的算术平均值。投标所报措施费与措施项目基准值相等得基本分 3 分。当投标报价低于措施项目基准值时，每低 1% 在基本分 3 分的基础上加 0.2 分；当投标报价低于措施项目基准值 10%~15%（含 15%）时，为 5 分；当投标报价低于措施项目基准值15%（不含 15%）时，每低 1% 在满分 5 分的基础上扣 0.4 分，扣完为止；当高于措施项目基准值时，每高于 1% 时，在基本分 3 分的基础上扣 0.2 分，扣完为止。

4. 主要材料单价的评审 10 分

主要材料项目单价选择 10 项材料，材料的单价以各有效投标报价（当有效投标人 5 名及以上时，去掉 1 个最高、1 个最低值）材料单价的算术平均值作为材料基准值。在材料基准值 95%~103% 范围内（不含 95% 和 103%）每项得 1 分，在材料基准值90%~95% 范围内（含 90% 和 95%）每项得 0.5 分。超出该范围的不得分。

（三）综合（信用）标的评标分值 10 分

1. 企业和项目经理业绩　　　1~2 分
2. 承诺质量、工期达到招标文件要求并有具体措施　　　1~3 分。
3. 优惠条件的承诺　　　1~2 分

4. 业主考察　　　　　1~3分

第十五条　使用电子招投标系统进行评标的，按国家八部委20号令《电子招标投标办法》有关要求执行。

第十六条　投标人综合得分按下列公式计算：

投标人综合得分 = 技术标得分 + 商务标得分 + 综合（信用）标得分。

第十七条　投标人的最终得分

1. 评标委员会完成对技术标、商务标和综合（信用）标的汇总后，去掉一个最高分和一个最低分，取平均值作为该投标人的最终得分。

2. 本条计算分值均保留两位小数。

第十八条　招标控制价的投诉与处理按《建设工程工程量清单计价规范》（GB 50500—2013）和《××省建设工程工程量清单招标控制价管理规定》有关规定处理。

第十九条　本办法自2014年4月1日起执行，有效期5年。原《××省建设厅关于印发建设工程工程量清单招标评标办法的通知》文件，同时废止。

第二十条　本办法未尽事项，按国家的法律法规、规章、规范性文件及有关行政管理部门的规定执行。本办法解释权归××省住房和城乡建设厅。

各省辖市、省直管县（市）住房城乡建设主管部门可根据本办法制定本级实施细则。

附件：商务标清标内容

附件

商务标清标内容

序号		清标项目	清标内容	清标结果	
				是	否
1	1.1	项目总报价（不含安全文明费与规费）	是否等于各单项工程造价之和		
	1.2	单项工程费（不含安全文明费与规费）	是否等于各单位工程造价之和		
	1.3	单位工程费（不含安全文明费与规费）	是否等于分部分项工程费＋措施项目费＋其他项目费＋规费＋税金之和		
2	2.1	分部分项工程费及单价措施费	是否等于各分部分项清单费之和		
	2.2	分部分项及单价措施项目编码	不得修改招标人清单		
	2.3	分部分项及单价措施项目名称	不得修改招标人清单		
	2.4	分部分项及单价措施项目特征	不得修改招标人清单		
	2.5	分部分项及单价措施项目计量单位	不得修改招标人清单		
	2.6	分部分项及单价措施项目工程数量	不得修改招标人清单		
	2.7	分部分项工程费及单价措施费清单单价	综合单价＝人工费＋材料费＋机械费＋管理费＋利润之和；偏差不大于招标控制价相应项目单价的±12%		
	2.8	材料单价	材料表中的单价与组成清单单价中的单价必须一致		
3	3.1	安全文明费	必须按××省计价依据规定计算		
	3.2	总价措施项目	根据招标文件要求自主报价		
4	4.1	其他项目费	必须等于各组成部分之和（暂列金额＋专业暂估价＋计日工费＋总承包服务费）		
	4.2	暂列金额	必须与招标人价格一致		
	4.3	专业暂估价	必须与招标人价格一致		
	4.4	计日工	必须与招标人数量一致		
	4.5	总承包服务费	是否按招标文件要求计算		
5		规费	必须按××省计价依据规定计算		
6		税金	必须按××省计价依据规定计算		
7		不违反法律、法规、规章、规范性文件规定的其他情况			

附件 2

××省住房和城乡建设厅关于实施 《房屋建筑装饰工程工程量计算规范》 （GB 50854—2013）
《通用安装工程工程量计算规范》 （GB 50856—2013）
《市政工程工程量计算规范》 （GB 50857—2013） 等的若干意见

各省辖市、省直管县（市）住房和城乡建设局（委）、××市航空港综合实验区市政建设环保局，各有关单位：

国家标准《房屋建筑与装饰工程工程量计算规范（GB 50584—2013）》等9本工程量计算规范（以下简称《2013年计算规范》），自2013年7月1日起实施，现就实施《2013年计算规范》，结合我省实际提出如下意见：

一、《房屋建筑与装饰工程工程量计算规范》的实施意见

（一）一般原则

1. 除另有规定外，计算规范附录中有两个或两个以上计量单位的，应选择和我省现行计价依据一致的计量单位，并执行相应的工程量计算规则。

2. 材料的损耗

我省现行计价依据中的主要材料、辅助材料和零星材料等的消耗量均计算了相应的损耗，即包括从工地仓库、现场堆放（或现场加工）地点至操作（或安装）地点的运输损耗、施工操作损耗和施工现场堆放损耗。

我省现行计价依据中已包括材料自施工现场仓库（或现场指定）堆放点运至安装地点的水平和垂直运输。

（二）分部工程

1. 土石方工程

（1）挖沟槽、基坑、一般土石方的区分，执行《2013年计算规范》的规定。土方工程，因工作面和放坡增加的工程量（含管沟工作面增加的工程量）列入各项目工程量，可另列项目计算。编制工程量清单时，应按《2013年计算规范》中的表 A.1-3 ～ 表 A.1-5 规定计算。

（2）土方和石方体积折算系数按《2013年计算规范》中的表 A.1-2 和表 A.2-2 规定执行。

（3）场地平整按我省现行计价依据执行，扩边在我省计价依据的综合单价中已考虑。

（4）土壤和岩石分类执行《2013年计算规范》表 A.1-1 和表 A.2-1 的规定。如不能准确划分时，招标工程量清单的项目特征应说明岩土分类的基本构成情况，并载明"具体以地勘报告为准"字样。

2. 桩基工程

（1）设计要求或实际有空桩的，按我省现行计价依据的规定，另列清单项目计算。

（2）现浇灌注桩的翻浆；小型桩基工程人工、机械乘系数；斜坡及基坑内打桩、斜桩、补桩、试验桩等均执行我省现行计价依据。

（3）我省现行计价依据的综合单价中已考虑了机械灌注桩所需的充盈系数。

（4）泥浆护壁成孔灌注桩的泥浆池、沟的费用，以及泥浆运输按我省现行计价依据计算。

（5）人工挖孔桩护壁和桩芯为不同强度等级的混凝土时，执行我省现行的计价依据。

3. 混凝土及钢筋混凝土工程

（1）我省现行计价依据规定现浇混凝土项目的模板采用混凝土的工程量，虽然是另列项目，但与《2013 年计算规范》的精神是一致的，为了便于区分实体项目和措施费，仍按我省现行规定执行。

（2）预制混凝土的模板应包含在相应预制混凝土子目中。

（3）使用商品混凝土或采用现场搅拌混凝土，仍按我省相关规定执行。

（4）钢筋接头及定尺长度均按我省现行计价依据执行。

（5）现浇构件中固定位置的支撑钢筋、双层钢筋用的"铁马"不再并入钢筋工程量内，按《2013 年计算规范》规定执行，另列项目仍按钢筋计算。

（6）短肢剪力墙的定义按照《2013 年计算规范》执行。

4. 金属结构工程

（1）我省现行计价依据 A.6 金属结构工程工程量计算规则第一条取消，执行《2013 年计算规范》新规定，即切边切肢，不规则部分均在综合单价中考虑。

（2）《2013 年计算规范》规定油漆另列项目计算，与我省现行计价依据是一致的，仍按我省的规定执行。若购置的金属成品构件已包括油漆，则工作内容要说明补刷油漆，不得再另列油漆子目，补刷油漆费用另计。

5. 屋面及防水工程

（1）屋面和楼面的防水搭接及附加层等工料，我省计价依据已考虑在综合单价中。

（2）将我省计价依据中楼地面防水反边高度 500mm，改为 300mm，即楼（地）面防水反边高度大于 300mm 按墙面防水计算。

6. 保温、隔热、防腐工程

（1）我省计价依据平面防腐工程量计算规则增加：扣除大于 0.3m² 孔洞、柱、垛所占面积。立面防腐工程计算规则增加：扣除大于 0.3m² 孔洞、梁所占面积，门窗洞口侧壁以及与墙相连的柱，并入保温墙体工程量内。

（2）平面保温增加"扣除面积大于 0.3m² 柱、垛、孔洞所占面积"。立面保温增加"扣除面积大于 0.3m² 梁、孔洞所占面积"。

7. 楼地面（装饰）工程

（1）《2013 年计算规范》的楼地面整体面层中新增的素水泥浆，我省现行计价依据已包括。

（2）我省计价依据中块料面层计算规则，原"门洞、空圈、暖气包槽、壁龛的开口部分不增加面积"改为"门洞、空圈、暖气包槽、壁龛的开口部分并入相应的工程量内"。

8. 墙、柱面装饰与隔断、幕墙工程

幕墙与建筑物的封边、自然层的连接按我省计价依据的规定，计入幕墙综合单价中。

9. 门窗工程

门窗工程中我省仅有木门、木窗，与《2013 年计算规范》的工作内容不一致，综合考虑后暂不作改动，仍按我省计价依据执行。

其他分部我省现行计价依据（2008 年定额）与《2013 年计算规范》一致，均按我省现行计价依据执行。

二、《通用安装工程工程量计算规范》的实施意见

（一）一般原则

1. 除另有规定外，计算规范附录中有两个或两个以上计量单位的，应选择和我省现行计价依据一致的计量单位，并执行相应的工程量计算规则。

2. 材料的损耗

我省现行计价依据中的主要材料、辅助材料和零星材料等的消耗量中均计算了相应的损耗，即包括从工地仓库、现场堆放（或现场加工）地点至操作（或安装）地点的运输损耗、施工操作损耗和施工现场堆放损耗。

我省现行计价依据中包括材料自施工现场仓库（或现场指定）堆放点运至安装地点的水平和垂直运输。

（二）分部工程

1. 电气设备安装工程

（1）软母线、组合式软母线、带形母线、槽形母线项目的工程量计算规则执行《2013 年计算规范》的规定，按设计图示尺寸以单相长度计算（含预留长度）。

（2）共箱母线、低压封闭式插接母线槽项目的工程量计算规则执行《2013 年计算规范》的规定，按设计图示尺寸以中心线长度计算。

（3）滑触线的工程量计算规则执行《2013 年计算规范》的规定，按设计图示尺寸以单相长度计算（含预留长度）。

（4）电力电缆、控制电缆项目的工程量计算规则执行《2013 年计算规范》的规定，按设计图示尺寸以长度计算（含预留长度及附加长度）。

（5）10kV 以下架空配电线路的导线架设的工程量计算规则执行《2013 年计算规范》的规定，按设计图示尺寸以单线长度计算（含预留长度）。

2. 通风空调工程

（1）碳钢通风管道、不锈钢板通风管道、铝板通风管道、塑料通风管道项目的工程量计算规则执行《2013 年计算规范》的规定，按设计图示内径尺寸以展开面积计算。

（2）玻璃钢通风管道、复合型风管项目的工程量计算规则执行《2013 年计算规范》的规定，按设计图示外径尺寸以展开面积计算。

3. 措施项目

（1）安装与生产同时进行、在有害身体健康环境中施工增加，项目列在措施项目中，计算基数按我省现行计价依据。

（2）高层建筑增加费，项目列在措施项目中，计算基数按我省现行计价依据。

4. 其他说明

我省计价依据中其他分部内容与《2013 年计算规范》不一致的，暂不作改动，仍按我省计价依据执行。

三、《市政工程工程量计算规范》的实施意见

（一）一般原则

1. 除另有规定外，《2013 年计算规范》附录中有两个或两个以上计量单位的，应选择和我省现行计价依据一致的计量单位，并执行相应的工程量计算规则。计量单位与我省现行计价依据不一致时，暂按我省规定执行。

2. 材料的损耗

我省现行计价依据中的主要材料、辅助材料和零星材料等的消耗量中均计算了相应的损耗，即包括从工地仓库、现场堆放（或现场加工）地点至操作（或安装）地点的现场运输损耗、施工操作损耗和施工现场堆放损耗。

我省现行计价依据中已包括材料自施工现场仓库（或现场指定）堆放点运至安装点的水平和垂直运输。

（二）分部工程

1. 土石方工程

（1）土壤和岩石分类按《2013 年计算规范》表 A.1-1、表 A.2-1 的规定执行，如不能准确划分时，应在项目特征中说明岩土分类的基本构成情况，并载明"具体以地勘报告为准"字样。

（2）编制挖沟槽、基坑、一般土石方工程量清单时，按《2013 年计算规范》表 A.1-2、表 A.1-3 的规定执行，因工作面和放坡增加的工程量列入各土石方工程量，不另列项目计算。

（3）土石方运距应在项目特征描述中载明按"招标文件要求"或"根据现场实际情况考虑"；如发生废料及余方弃置、堆放时，应在项目特征描述中载明废料及余方弃置、堆放的费用按"招标文件要求"或"根据现场实际情况考虑"。

（4）挖淤泥、流沙，如设计未明确，其工程数量可为暂估值，在项目特征描述中载明"工程量暂估"字样。结算时，应根据实际情况由现场签证确认工程量。

（5）挖淤泥、流沙项目"运输"，应在项目特征描述中载明运距。

2. 道路工程

（1）路床（槽）整形碾压的工程量计算规则执行《2013 年计算规范》的规定，按设计道路底基层图示尺寸以面积计算，不扣除各类井所占面积。

（2）人行道整形碾压的工程量计算规则执行《2013 年计算规范》的规定，按设计人行道图示尺寸以面积计算，不扣除侧石、树池和各类井所占面积。如设计明确规定加宽值时应按设计要求计算，如设计无明确规定的可按每侧加 15cm 在组价时考虑。

（3）道路面层的工程量计算规则执行《2013 年计算规范》的规定，按设计图示尺寸以面积计算，不扣除各种井所占面积，带平石的面层应扣除平石所占面积。

（4）人行道块料铺设的工程量计算规则执行《2013 年计算规范》的规定，按设计图示尺寸以面积计算，不扣除各类井所占面积，但应扣除侧石、树池所占面积。

3. 桩基工程

桩基工程包括道路工程、桥涵工程等市政专业的桩基工程。

（1）"地层情况"按《2013年计算规范》表 A.1-1、表 A.2-1 的规定在项目特征中进行描述，无法准确描述时，应在项目特征中载明"具体以地勘报告为准"字样。

（2）试验桩和斜桩仍按我省现行计价依据执行。

4. 混凝土及钢筋混凝土工程

混凝土及钢筋混凝土工程包括道路工程、桥涵工程、管网工程等市政专业中的现浇和预制混凝土构件。

（1）现浇混凝土项目中的模板工程，按我省现行计价依据执行。

（2）预制混凝土构件的模板工程，按我省现行计价依据执行。

5. 管网工程

混凝土管道顶进、钢管顶进、铸铁管顶进、方拱涵顶进的工程量计算规则执行《2013年计算规范》的规定，按设计图示长度以延长米计算，扣除附属构筑物（检查井）所占的长度。

6. 钢筋工程

（1）钢筋接头及定尺长度均按我省现行计价依据执行。

（2）现浇构件中伸出构件的锚固钢筋、预制构件的吊钩和固定位置的支撑钢筋等，应并入钢筋工程量内。

7. 拆除工程

拆除路面、人行道、管道、侧缘石不包括基础及垫层的拆除，发生时按我省现行计价依据另列项计算。

其他分部内容仍按我省现行计价依据执行。

四、《园林绿化工程工程量计算规范》的实施意见

（一）一般原则

1. 除另有规定外，计算规范附录中有两个或两个以上计量单位的，应选择和我省现行计价依据一致的计量单位，并执行相应的工程量计算规则。计量单位与我省现行计价依据不一致时，暂按我省现行计价依据的工程量计算规则执行。

2. 材料的损耗

我省现行计价依据中的主要材料、辅助材料和零星材料等的消耗量中均计算了相应的损耗，即包括从工地仓库、现场堆放（或现场加工）地点至操作（或安装）地点的现场运输损耗、施工操作损耗和施工现场堆放损耗。

我省现行计价依据中已包括材料自施工现场仓库（或现场指定）堆放点运至安装点的水平和垂直运输。

（二）分部工程

1. 绿化工程

（1）整理绿化用地，应在项目特征中载明"厚度≤300mm"、"土质满足种植质量要求"。

（2）废弃物运输的运距，应在项目特征中载明。

（3）绿地起坡造型（微地形），按我省现行计价依据的规定，另列项目计算。

（4）草绳绕树干、支撑暂按我省现行计价依据执行。

（5）发包人如有成活率要求时，应在项目特征中加以说明。

（6）胸径、地径、干径、冠径、蓬径、株高、篱高、冠丛高按照《2013 年计算规范》的定义执行。

2. 堆塑假山

堆筑土山丘、堆砌石假山、置石、护角，如设计复杂，工程量可按暂估体积计算，在项目特征描述中载明"工程量暂估"字样。结算时，应根据实际情况由现场签证确认工程量。

3. 混凝土及钢筋混凝土工程

混凝土及钢筋混凝土工程包括园路、园桥、假山、景观等园林绿化专业中的现浇和预制混凝土构件，其模板工程均按我省现行计价依据执行。

其他分部内容仍按我省现行计价依据执行。

本通知自二〇一四年×月×日起执行，已招标或签订合同的工程按原约定。

2014 年×月×日

附件3

××省住房和城乡建设厅关于贯彻《建设工程工程量清单计价规范》（GB 50500—2013）《建筑安装工程费用项目组成》文件有关问题的通知

各省辖市、省直管县（市）住房和城乡建设局（委）、××市航空港综合实验区市政建设环保局，各有关单位：

根据国家标准《建设工程工程量清单计价规范（GB 50500—2013）》（以下统称《2013年计价规范》）和住房和城乡建设部、财政部印发的《建筑安装工程费用项目组成》（建标〔2013〕44号）（以下统称《44号文》）的要求，结合我省实际，现就有关事项通知如下：

我省建设工程发承包及实施阶段的计价依据仍执行《××省建设工程工程量清单综合单价（2008）》及其配套的文件、解释，同时结合《2013年计价规范》、《44号文》做以下相应调整：

一、人工费

人工费可执行市场价、政府指导价、承发包人议价，由发包人在招标公告时明确，使用国有资金投资的项目（含全额和部分出资）、承发包双方有异议的应执行我省人工费指导价。

人工费指导价和定额综合工日相配套计算人工费。人工费指导价作为计算人工费差价的依据，只计税金不计费用。人工费指导价属于政府指导价，不应列入计价风险范围。

二、材料费

《××省建设工程工程量清单综合单价（2008）》的材料费取消检验试验费，材料检验试验费列入管理费中。

工程设备（构成或组成永久工程一部分的机电设备、金属结构设备、仪器装置及其类似的设备和装置），凡合同约定由承包方采购的"工程设备"均列入税前造价。

材料费的风险由承发包双方分担，5%及以内的风险由承包人承担，超过5%的部分由发包人承担。

由政府定价管理的水、电、燃料应据实调整，其价格的风险由发包人承担。

三、企业管理费

1. 管理费内容增加材料检验实验费、担保费用等，相应调增管理费用，按2.8元/综合工日增加，进入综合单价。

2. 今后管理费将实行动态调整，调整公式为：［人工费指导价—定额工日单价］×综合工日数×6%，进入综合单价。

四、规费

在社会保障费中增加"生育保险费"，费率为0.60元/综合工日。即社会保障费率由

7.48 元/综合工日调至 8.08 元/综合工日。

取消"意外伤害保险"。增加"工伤保险",费率为 1.00 元/综合工日。

五、计日工

计日工综合单价按施工当期人工费指导价乘 1.38 系数（含管理费和利润）计算。

六、总承包服务费

1. 总承包服务费费率由 2% ~4% 改为 1.5% ，计算基数为分包的专业工程造价（不含工程设备），服务内容为：配合协调发包人进行的专业工程发包，对发包人自行采购的材料、工程设备等进行保管，以及施工现场管理、竣工验收资料整理等服务所需的费用。

2. 总承包人既对分包的专业工程进行总承包管理和协调，又提供配合服务时，根据招标文件列出的配合服务内容和提出的要求，由双方协商确定。也可按分包的专业工程造价（不含工程设备）的 3% ~5% 计算。

以上费用中已包含了管理费和利润。

七、措施项目费

1. 安全文明费包括财政部、安全监管总局财企〔2012〕16 号文规定的安全生产费用。

2. 凡列入单价项目的措施费我省已有相应定额子目，并包含了管理费和利润。

3. 列入总价项目的安全文明费、夜间施工费、二次搬运费、冬雨季施工费等费率中已包含了管理费和利润。

4. 增加非夜间施工照明费：（见附表）

本通知自二○一四年×月×日起执行，已招标或签订合同的工程按原约定。

附件：YA.12 建筑工程措施项目费

2014 年×月×日

附件

YA.12 建筑工程措施项目费
YA.12.9 地下室施工增加费（Y01129）
Y011291 地下室照明费（m²）

工作内容：在地下室等特殊施工部位施工时所采用的照明设备的安拆、维护及照明用电等。

单位：100m²

定 额 编 号			12－B3S
项　　目			地下室等施工照明措施增加费
基　　价（元）			466.18
其 中	人　工　费（元）		253.70
	材　料　费（元）		79.14
	机　械　费（元）		—
	管　理　费（元）		74.34
	利　　润（元）		59.00
名　　称	单位	单价（元）	数　量
综合工日	工日	43.00	(5.90)
定额工日	工日	43.00	5.900
电	KW－h	0.63	78.000
其他材料费	元	1.00	30.000

注：按地下室建筑面积计算。半地下室基价乘以 0.5。

编 后 语

通过对 2013 年清单计价规范学习以及对十多年来××市实施清单计价情况的回顾，我们深深体会到：要真正实施清单计价，需要大家共同努力，特别是要转变思想观念。因实施清单计价的最终目标是建筑产品价格要实现政府宏观调控、企业自主报价、市场竞争形成价格，即实现建筑产品价格要由政府定价走向市场定价。而目前人们的思想意识、行为做法、市场环境等还满足不了清单计价的要求，实际上目前的工程定价是处在政府定价与市场定价之间的过渡阶段。2013 年清单计价规范的发布实施，同时印发《建设工程施工合同（示范文本）》（GF-2013-0201），并明确了各省的计价定额是清单计价的组成部分，只是建设工程全过程实施清单计价的开始。招标阶段至关重要，所以要从招投标开始，招标文件商务部分要以规范建设工程计价行为为目的，修改不平等条款，尤其是让利比例、商务标评分办法、风险承担范围、进度款支付等以压价和拖欠为目的条款；修改合法不合理或表面平等而实际不平等的条款；规范招标控制价的编制行为；明确合同价形式及调价范围；明确监督部门的监管责任，不能只监督招投标程序，而不管过程、内容是否符合实际。提倡合理报价（招标控制价＞投标报价≥工程成本）中标，评商务标之前必须先清标，不采用接近平均值得高分的评分办法，使投标围绕评标基准值转的情况不再出现，让投标人真正把重点放在清单计价规范的要求上来，不再为围标、串标、投机取巧钻招标文件的空子而费尽心机；中标后要在工期、造价合理的前提下，确保工程质量和安全；推行争议评审制度，需广大建设及房地产行业的律师、造价师联合起来，制定切实可行的实施细则，减少招投标阶段、实施阶段、竣工结算的造价纠纷，为规范建设工程计价行为，维护建筑市场秩序做出积极的贡献。